21 世纪高等学校计算机教育实用规划教材

Visual Basic程序设计
习题与实验指导

李虹 司亚利 主编
杨蕊 李雪 副主编

清华大学出版社
北京

内 容 简 介

本书可与《VB程序设计基础》等教材配套使用,也可单独使用,主要内容包括简单程序设计、顺序程序设计、选择程序设计、循环程序设计、VB常用内部控件应用、数组、过程、菜单与对话框、文件系统等实验。每个实验均指明了实验目的、实验任务、操作方法、常见错误提示、习题与解答,覆盖面广,层次分明,重点突出,对涉及到的知识点进行了剖析,可令读者在实际操作中掌握VB程序设计的相关概念;并且实验题目分为必做题与提高题,可满足多层次学习的需要。

本书内容丰富,不仅可以作为 VB 程序设计的上机配套教材,也可以作为培训教材和个人自学练习之用。

图书在版编目(CIP)数据

Visual Basic 程序设计习题与实验指导/李虹,司亚利主编. —北京:清华大学出版社,2011.2

(21 世纪高等学校计算机教育实用规划教材)

ISBN 978-7-302-24271-0

Ⅰ.①V… Ⅱ.①李…②司… Ⅲ.①BASIC 语言-程序设计-高等学校-教学参考资料

Ⅳ.①TP312

中国版本图书馆 CIP 数据核字(2010)第 250807 号

责任编辑:魏江江 薛 阳
责任校对:焦丽丽
责任印制:杨 艳

出版发行:	清华大学出版社	地 址:	北京清华大学学研大厦 A 座
	http://www.tup.com.cn	邮 编:	100084
社 总 机:	010-62770175	邮 购:	010-62786544
投稿与读者服务:	010-62795954,jsjjc@tup.tsinghua.edu.cn		
质 量 反 馈:	010-62772015,zhiliang@tup.tsinghua.edu.cn		

印 装 者:北京市清华园胶印厂
经 销:全国新华书店
开 本:185×260 印 张:12.5 字 数:302 千字
版 次:2011 年 2 月第 1 版 印 次:2011 年 2 月第 1 次印刷
印 数:1~3000
定 价:19.50 元

产品编号:038991-01

出版说明

随着我国高等教育规模的扩大以及产业结构调整的进一步完善,社会对高层次应用型人才的需求将更加迫切。各地高校紧密结合地方经济建设发展需要,科学运用市场调节机制,合理调整和配置教育资源,在改革和改造传统学科专业的基础上,加强工程型和应用型学科专业建设,积极设置主要面向地方支柱产业、高新技术产业、服务业的工程型和应用型学科专业,积极为地方经济建设输送各类应用型人才。各高校加大了使用信息科学等现代科学技术提升、改造传统学科专业的力度,从而实现传统学科专业向工程型和应用型学科专业的发展与转变。在发挥传统学科专业师资力量强、办学经验丰富、教学资源充裕等优势的同时,不断更新教学内容、改革课程体系,使工程型和应用型学科专业教育与经济建设相适应。计算机课程教学在从传统学科向工程型和应用型学科转变中起着至关重要的作用,工程型和应用型学科专业中的计算机课程设置、内容体系和教学手段及方法等也具有不同于传统学科的鲜明特点。

为了配合高校工程型和应用型学科专业的建设和发展,急需出版一批内容新、体系新、方法新、手段新的高水平计算机课程教材。目前,工程型和应用型学科专业计算机课程教材的建设工作仍滞后于教学改革的实践,如现有的计算机教材中有不少内容陈旧(依然用传统专业计算机教材代替工程型和应用型学科专业教材),重理论、轻实践,不能满足新的教学计划、课程设置的需要;一些课程的教材可供选择的品种太少;一些基础课的教材虽然品种较多,但低水平重复严重;有些教材内容庞杂,书越编越厚;专业课教材、教学辅助教材及教学参考书短缺,等等,都不利于学生能力的提高和素质的培养。为此,在教育部相关教学指导委员会专家的指导和建议下,清华大学出版社组织出版本系列教材,以满足工程型和应用型学科专业计算机课程教学的需要。本系列教材在规划过程中体现了如下一些基本原则和特点。

(1) 面向工程型与应用型学科专业,强调计算机在各专业中的应用。教材内容坚持基本理论适度,反映基本理论和原理的综合应用,强调实践和应用环节。

(2) 反映教学需要,促进教学发展。教材规划以新的工程型和应用型专业目录为依据。教材要适应多样化的教学需要,正确把握教学内容和课程体系的改革方向,在选择教材内容和编写体系时注意体现素质教育、创新能力与实践能力的培养,为学生知识、能力、素质协调发展创造条件。

(3) 实施精品战略,突出重点,保证质量。规划教材建设仍然把重点放在公共基础课和专业基础课的教材建设上;特别注意选择并安排一部分原来基础比较好的优秀教材或讲义修订再版,逐步形成精品教材;提倡并鼓励编写体现工程型和应用型专业教学内容和课程体系改革成果的教材。

（4）主张一纲多本，合理配套。基础课和专业基础课教材要配套，同一门课程可以有多本具有不同内容特点的教材。处理好教材统一性与多样化，基本教材与辅助教材，教学参考书，文字教材与软件教材的关系，实现教材系列资源配套。

（5）依靠专家，择优选用。在制订教材规划时要依靠各课程专家在调查研究本课程教材建设现状的基础上提出规划选题。在落实主编人选时，要引入竞争机制，通过申报、评审确定主编。书稿完成后要认真实行审稿程序，确保出书质量。

繁荣教材出版事业，提高教材质量的关键是教师。建立一支高水平的以老带新的教材编写队伍才能保证教材的编写质量和建设力度，希望有志于教材建设的教师能够加入到我们的编写队伍中来。

21世纪高等学校计算机教育实用规划教材编委会

联系人：魏江江 weijj@tup. tsinghua. edu. cn

前　言

　　本书对每个实验内容都进行了精心设计,覆盖知识面广,并对每个实验任务都进行了讲解与剖析,阐明了所涉及的 VB 相关概念,不是要求读者机械地完成任务,而是为读者设置问题情境,逐步增强学习主动性;此外,实验教材的编写兼顾了读者的差异性,为做到有的放矢,实验内容分为必做题与提高题;再有,每个实验都有相关的习题与解答,为读者对实验内容的巩固及相关概念的理解提供了必要帮助,通过实验内容与相关习题的结合,将知识点逐步连接,从而使读者对知识体系形成总体把握。

　　本书的实验一、实验二和附录 A 由李虹编写,实验三、实验四、实验八由李雪和杨蕊编写,实验五、实验六和实验七由司亚利编写,实验九由郝宾波和刘伟编写,附录 B 由李恒智搜集整理。全书由李虹和司亚利主编,杨蕊和李雪副主编,李虹统稿,赵庆水主审。

　　本书既可以作为大中专院校"VB 程序设计"课程的配套教材,也可以作为参加等级考试人员的复习参考资料。

　　由于作者水平有限,书中难免有不足之处,敬请读者批评指正。

编　者

2010 年 7 月于秦皇岛燕山大学里仁学院

目 录

实验一　Visual Basic 环境和简单程序设计 ……………………………… 1

　　一、实验目的 ………………………………………………………… 1

　　二、实验内容与操作指导 …………………………………………… 1

　　三、选做题（提高） ………………………………………………… 10

　　四、常见错误提示 …………………………………………………… 11

　　五、练习题与解析 …………………………………………………… 12

实验二　顺序结构程序设计 ……………………………………………… 17

　　一、实验目的 ………………………………………………………… 17

　　二、实验内容与操作指导 …………………………………………… 17

　　三、选做题（提高） ………………………………………………… 30

　　四、常见错误提示 …………………………………………………… 31

　　五、练习题与解析 …………………………………………………… 32

实验三　选择结构程序设计 ……………………………………………… 39

　　一、实验目的 ………………………………………………………… 39

　　二、实验内容与操作指导 …………………………………………… 39

　　三、选做题（提高） ………………………………………………… 49

　　四、常见错误提示 …………………………………………………… 51

　　五、练习题与解析 …………………………………………………… 52

实验四　循环结构程序设计 ……………………………………………… 55

　　一、实验目的 ………………………………………………………… 55

　　二、实验内容与操作指导 …………………………………………… 55

　　三、选做题（提高） ………………………………………………… 62

　　四、常见错误提示 …………………………………………………… 63

　　五、练习题与解析 …………………………………………………… 64

实验五　常用内部控件程序设计 ………………………………………… 72

　　一、实验目的 ………………………………………………………… 72

　　二、实验内容与操作指导 …………………………………………… 72

　　三、选做题（提高） ………………………………………………… 84

四、常见错误提示 …………………………………………………………………… 87

五、练习题与解析 …………………………………………………………………… 88

实验六　数组 ………………………………………………………………………… 98

一、实验目的 ………………………………………………………………………… 98

二、实验内容与操作指导 …………………………………………………………… 98

三、选做题(提高) …………………………………………………………………… 108

四、常见错误提示 …………………………………………………………………… 112

五、练习题与解析 …………………………………………………………………… 113

实验七　过程的创建和使用 ……………………………………………………… 122

一、实验目的 ………………………………………………………………………… 122

二、实验内容与操作指导 …………………………………………………………… 122

三、选做题(提高) …………………………………………………………………… 132

四、常见错误提示 …………………………………………………………………… 134

五、练习题与解析 …………………………………………………………………… 135

实验八　对话框和菜单设计 ……………………………………………………… 145

一、实验目的 ………………………………………………………………………… 145

二、实验内容与操作指导 …………………………………………………………… 145

三、选做题(提高) …………………………………………………………………… 155

四、常见错误提示 …………………………………………………………………… 155

五、练习题与解析 …………………………………………………………………… 156

实验九　文件系统处理 …………………………………………………………… 161

一、实验目的 ………………………………………………………………………… 161

二、实验内容与操作指导 …………………………………………………………… 161

三、选做题(提高) …………………………………………………………………… 166

四、常见错误提示 …………………………………………………………………… 167

五、练习题与解析 …………………………………………………………………… 169

附录 A　Visual Basic 期末模拟试题与答案 ……………………………………… 173

附录 B　全国等级考试 Visual Basic 程序设计考试大纲 ………………………… 183

实验一

Visual Basic环境和简单程序设计

一、实验目的

(1) 掌握 Visual Basic 启动和退出的方法。

(2) 熟悉 Visual Basic 的集成开发环境。

(3) 掌握 Visual Basic 程序设计的基本步骤。

(4) 掌握 Visual Basic 程序运行的两种方式。

(5) 掌握窗体及基本控件(标签、命令按钮和文本框)的基本使用方法。

(6) 理解面向对象程序设计思想,理解对象及对象三要素(属性、方法、事件)等概念。

二、实验内容与操作指导

说明:在 E 盘下建立自己的学号文件夹,将完成以下题目的相关文件均存放到此文件夹下。

1. 启动 Visual Basic 6.0,创建一个"标准 EXE"工程。熟悉 Visual Basic(VB)集成开发环境下各窗口及其功能。

【要求】

(1) 参照图 1-1,在 VB 集成开发环境中熟悉"窗体设计器窗口"、"工具箱窗口"、"属性窗口"、"工程管理器窗口"、"窗体布局窗口"的默认位置。

(2) 在"工程管理器窗口"中分别单击"查看代码"和"查看对象"按钮,切换显示"代码窗口"和"窗体设计器窗口"。

(3) 在"视图"菜单中单击"立即窗口"命令,观察新显示出来的"立即窗口"。

(4) 分别将各窗口关闭,然后再用"视图"菜单中对应的菜单命令将各窗口显示出来。

【思考题 1】 可以通过哪些方法启动 VB 集成开发环境? 可以通过哪些方法打开代码窗口?

2. 编写一个简单的应用程序,掌握 VB 程序设计的基本步骤。

【要求】 窗体的标题为"第一个 VB 程序";在窗体上添加一个标题为"显示"的按钮、一个标题为"欢迎进入 VB 世界!"的标签和一个 Text 属性为空的文本框;这 4 个对象的名称属性均使用默认值。程序的功能是:当单击命令按钮时将标签中的内容在文本框中显示出来。最后存盘,窗体文件名为 t1.frm,工程文件名为 t1.vbp。

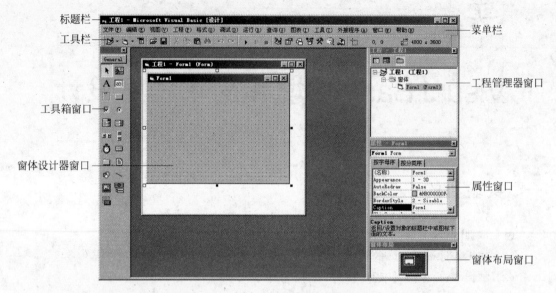

图 1-1　Visual Basic 6.0 集成开发环境界面

【程序设计一般步骤】

(1) 新建工程；

(2) 设计应用程序的界面；

(3) 设置对象的属性；

(4) 编写代码；

(5) 运行程序；

(6) 保存工程。

【操作过程】

(1) 启动 Visual Basic 6.0,新建一个工程。一个 VB 应用程序就是一个工程。

(2) 设计应用程序界面：向窗体中添加控件主要有两种方法：一种是双击工具箱中的控件,可直接添加到窗体中；另一种是单击工具箱中的控件,利用鼠标拖动在窗体上画出。

利用以上两种方法之一,在窗体上添加一个标签,一个文本框和一个命令按钮。

将标签、文本框和命令按钮全部选中（按下 Shift 键,用鼠标单击每个控件）,单击"格式"菜单→"对齐"→"左对齐"命令,令三者左对齐。

(3) 在属性窗口中设置各对象的属性,如表 1-1 所示。

表 1-1　属性设置

对　　象	属　　性	属　性　值	说　　明
Form1	Caption	第一个 VB 程序	窗体的标题
Label1	Caption	欢迎进入 VB 世界	标签的标题
Text1	Text		初始时文本框内容为空
Command1	Caption	显示	命令按钮的标题

(4) 双击命令按钮（或在工程管理器窗口中单击"查看代码"按钮）进入代码窗口。这一步有两个关键,首先需搞清楚是何对象的何种事件；其次需清楚该事件被触发时完成的功

能是什么。代码编写如图1-2所示。

图1-2 代码窗口

（5）单击"运行"菜单中的"启动"命令，或工具栏上的"启动"按钮，运行程序，如图1-3和图1-4所示。

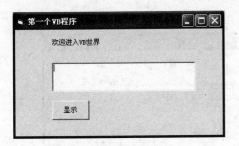
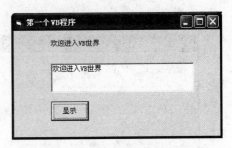

图1-3 程序运行界面　　　　　　　　图1-4 单击命令按钮后的界面

（6）单击"文件"菜单中的"保存工程"命令，或使用工具栏上的"保存工程"按钮，打开"文件另存为"对话框，先保存窗体文件，选择要存储的位置（可先在 E 盘建立自己的学号文件夹），取名为 t1，类型为.frm；确定后，接着出现"工程另存为"对话框，选择要存储的位置，取名为 t1，类型为.vbp，之后确定即可，如图1-5和图1-6所示。

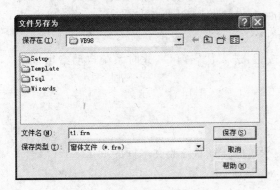
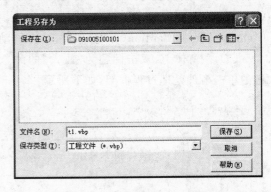

图1-5 "文件另存为"对话框　　　　　　图1-6 "工程另存为"对话框

【思考题2】 什么是类？什么是对象？程序中如何识别每个对象？对象有哪 3 个要素？

【解答】 类是具有相同性质的对象的集合。类就像一个模板，定义它所包含的全体对象的共有特征和功能。工具箱中展示的就是类，CommandButton 类（命令按钮类）、TextBox 类（文本框类）、Label 类（标签类）等。

对象是类的实例。对象有具体的特征和功能,是实际存在的。例如此题中有 Form1 窗体对象、Command1 命令按钮对象、Text1 文本框对象及 Label1 标签对象等,也可称为控件对象,它们的生成依赖于工具箱中对应的控件类。

程序中通过每个对象的对象名(即对象的名称属性)来识别它们,如 Form1, Command1,Text1 等,所以在同一个窗体中的对象不能同名。

对象有三个要素:属性、事件和方法。调用的方法分别为:对象名.属性、对象名.方法、对象名称.事件。

3. 通过程序设计,结合题目 2,掌握 VB 窗体、命令按钮、标签及文本框的常用属性。

【要求】 在上题的窗体上再添加两个命令按钮,名称分别为 C2 和 C3,标题分别为"放大"和"移动"。要求,单击标题为"放大"的命令按钮,则文本框中的字号放大一号,单击"移动"按钮则令文本框向左移动 100 缇。执行效果如图 1-7 所示。最后,将窗体文件另存为 t2. frm,工程文件另存为 t2. vbp。

图 1-7　题目 3 执行效果图

【操作过程】

(1) 在上题窗体上再添加两个命令按钮,选中 Command2 按钮,在属性窗口中将其 Name(名称)属性改为 C2(默认为 Command2),将 Caption(标题)属性改为"放大"(默认为 Command2);选中 Command3 按钮,在属性窗口中将其 Name(名称)属性改为 C3(默认为 Command3),将 Caption(标题)属性改为"移动"(默认为 Command3)。

(2) 在窗体上,双击标题为"放大"的命令按钮,进入代码窗口,此时系统自动给出该按钮的单击事件处理过程框架,如下所示。

```
Private Sub C2_Click()
End Sub
```

在此过程中,需编写将文本框的字号放大一号的代码,即修改文本框的 FontSize(字号)属性,代码如下:

```
Text1.FontSize = Text1.FontSize + 1
```

当执行程序,单击"放大"按钮时,C2_Click()事件处理过程被调用,上面的语句被执行,即取出文本框当前字号属性值(例如:10)进行加 1 处理(得到 11),将和赋值给文本框的字号属性,即此时 FontSize 的属性值为单击按钮前的值加 1。如果不断单击"放大"按钮,文本框中文本的字号就会逐渐增大。

（3）利用同样方式，在窗体上，双击标题为"移动"的命令按钮，进入代码窗口，此时系统自动给出该按钮的单击事件处理过程框架，如下所示。

```
Private Sub C3_Click()
End Sub
```

在此过程中，需编写将文本框向左移动 100 缇的代码，即修改文本框的 Left（字号）属性，代码如下：

```
Text1.Left = Text1.Left - 100
```

当执行程序，单击"移动"按钮时，C3_Click()事件处理过程被调用，上面的语句被执行，即取出文本框当前 Left 属性值（例如：2000）进行减 100 处理（得到 1900），将结果赋值给文本框的 Left 属性，即此时 Left 的属性值为单击按钮前的值减少 100。如果不断单击"移动"按钮，文本框将不断向左移动。

注意：一个控件在所在容器中的位置由 Left 和 Top 两个属性决定，Left 表示控件左端与容器左端之间的距离，Top 表示控件顶端与容器顶端之间的距离。此题中，Text1.Left 表示文本框左端到窗体左端的距离。思考，如果题目要求单击"移动"按钮时，文本框向下移动 50 缇，代码应如何修改？请验证。

代码窗口如图 1-8 所示。

图 1-8　题目 3 代码窗口

（4）运行程序，验证功能。

（5）保存文件。选择"文件"菜单→"t1.frm 另存为"命令，打开"文件另存为"对话框，文件名取为 t2.frm，保存即可；之后再选择"文件"菜单→"工程另存为"命令，打开"工程另存为"对话框，文件名取为 t2.vbp，保存即可。

【思考题 3】　什么是对象的属性？所有对象都具有的属性是什么？设置对象的属性有哪两种方法？代码中如何设置对象属性？

【解答】　属性是指对象的特性，是描述对象的数据。在 VB 中每个对象都有自己的属性，不同的对象有不同的属性，属性用于定义对象的名称（Name）、标题（Caption）、字体（Font）、颜色（Color）、位置（Left 和 Top）、可见性（Visible）、可用性（Enabled）等。

所有对象都具有的属性是名称属性。

设置对象的属性有两种方法：一种是在设计阶段，通过属性窗口设置对象的属性；一种是在运行阶段，通过代码设置对象的属性。但有些属性只能通过属性窗口修改设置，是只读的，不能通过运行程序改变属性的值，例如，所有对象的名称属性和窗体对象的

BorderStyle 属性等；而有些属性只能使用程序代码设置。

在代码窗口中，编写程序代码可以给对象属性设置新值，其格式如下所示。

对象名.属性名称 = 属性值

其中，属性名实际上就是属性变量，用于存储属性值。

例如本题中 Text1.Left = Text1.Left - 100。

4. 通过程序设计，理解并掌握 VB 的事件处理机制。

【要求】 在题目 3 的基础上添加功能，当单击窗体的空白区域时，窗体的标题改变为"单击窗体事件"。执行效果如图 1-9 所示。最后，将窗体文件另存为 t3.frm，工程文件另存为 t3.vbp。

图 1-9　题目 4 执行效果图

【操作过程】

（1）切换到代码窗口，在"对象"下拉列表框中选择 Form，在"事件"下拉列表框中选择 Click，此时系统会创建出如下所示的事件处理过程框架。

```
Private Sub Form_Click()
End Sub
```

在此过程中编写将窗体标题改变为"单击窗体事件"的代码。即设置窗体的 Caption 属性值，代码如下所示。

```
Form1.Caption = "单击窗体事件"
```

代码窗口如图 1-10 所示。

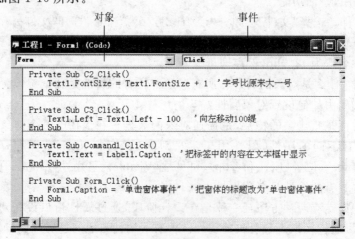

图 1-10　题目 4 代码窗口

(2) 运行程序,验证功能。

(3) 保存文件。选择"文件"菜单→"t2.frm 另存为"命令,打开"文件另存为"对话框,文件名取为 t3.frm,保存即可;之后再选择"文件"菜单→"工程另存为"命令,打开"工程另存为"对话框,文件名取为 t3.vbp,保存即可。

【思考题 4】 什么是对象的事件? 什么是事件处理机制? 什么是事件处理过程? 事件处理过程结构是怎样的? 用户可以自己定义事件过程名吗? 窗体、命令按钮、文本框的默认事件是什么?

【解答】 事件是指对象能够识别并做出反应的外部刺激。

VB 应用程序的运行过程就是对事件的处理过程。程序运行时,由用户、系统或对象产生各种不同的事件,程序设计者已分别为各种不同的事件编写了处理代码程序,窗体和控件等对象在响应不同事件时执行不同的代码程序,这就是 VB 事件驱动机制。当对窗体和控件对象产生如单击(Click)、双击(DblClick)、鼠标按下(MouseDown)等事件时,接受事件的对象就会对事件产生反应,即执行一段程序代码,所执行的这段程序代码就称为事件过程。

事件处理过程结构按接受事件的对象不同分为两类,如下所示。

(1) 窗体事件处理过程结构

```
Private Sub Form_事件名(参数列表)
    <语句组>
End Sub
```

(2) 控件事件处理过程结构

```
Private Sub 控件名_事件名(参数列表)
    <语句组>
End Sub
```

在 VB 应用程序中,对象事件是由 VB 预先定义好的,用户不能自己定义事件,用户只须根据程序的功能,去编写发生在何种对象上的何种事件的事件处理过程代码。例如,本题要求,单击窗体时将窗体标题改为"单击窗体事件",首先确定事件发生在窗体对象上,所以在代码窗口的对象下拉列表中选择 Form;之后确定事件是单击事件,即 Click 事件,因而在代码窗口的事件下拉列表中选择 Click,此时系统自动给出该事件处理过程结构,如下所示。

```
Private Sub Form_Click()
End Sub
```

最后,只须在此结构中添加事件发生时要完成的任务代码,即将窗体的标题设置为"单击窗体事件",根据已学到的知识,代码写为:

```
Form1.Caption = "单击窗体事件"
```

窗体、命令按钮、文本框的默认事件分别是:Load,Click,Change。

5. 编写一简单程序,理解并掌握对象的方法。

【要求】 新建工程,在窗体 Form1 上添加两个命令按钮,名称分别为 C1 和 C2,标题分别为"输出"和"清除",程序运行后,单击"输出"按钮在窗体上显示"欢迎进入 VB 世界",同时窗体的标题改为"输出",多次单击"输出"按钮,则在窗体上显示多行"欢迎进入 VB 世界",并且每行显示的字号比上一行大一号;当单击"清除"按钮时,窗体上显示的文字消失,同时窗体的标题改为"清除"。执行效果如图 1-11 所示。最后存盘,窗体文件名为 t4. frm,工程文件名为 t4. vbp。

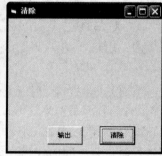

图 1-11　题目 5 执行效果图

【操作过程】

(1) 新建工程。

(2) 设计应用程序界面:添加两个命令按钮。

(3) 在属性窗口中设置各对象的属性。将默认名称为 Command1 的命令按钮的名称属性改为 C1,将 Caption 属性改为"输出"; 将默认名称为 Command2 的命令按钮的名称属性改为 C2,将 Caption 属性改为"清除"。

(4) 分别为 C1 和 C2 的 Click 事件处理过程编写代码,具体代码如图 1-12 所示。

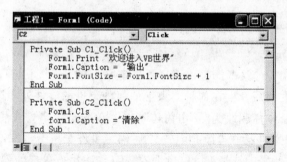

图 1-12　题目 5 代码窗口

说明:在窗体上输出显示信息,应使用 Print 方法,清除窗体上的文本信息应使用 Cls 方法,这些方法都是系统已经设计好的特殊的过程和函数,可以直接使用,不必考虑实现输出的具体步骤。使用对象方法的格式如下所示。

对象名.方法名［参数列表］

其中,"［ ］"表示其中的内容根据具体情况提供或省略。例如,本题中在窗体上输出"欢迎进入 VB 世界",那么"欢迎进入 VB 世界"字符串就是 Print 方法的参数,具体代码写为:

```
Form1.Print "欢迎进入 VB 世界"
```

而清除窗体上的信息,则使用 Cls 方法,此方法没有参数,具体代码写为:

Form1.Cls

此外,这两个方法都是针对Form1对象的操作,所以方法前的对象名均为Form1。该对象名可省略,则会默认对当前窗体操作。关于Print方法的更多应用说明,可看实验二。

(5) 运行程序,验证功能。

(6) 保存文件,将窗体文件另存为t4.frm,将工程文件另存为t4.vbp。

【思考题5】 什么是对象的方法?如何使用对象的方法?本题中应用了哪些方法?

【解答】 在VB系统中,方法就是系统已经设计好的、在事件处理过程中可以使用的特定程序,能够完成一定的操作功能。方法是与对象相关的,不同的对象有不同的方法。

使用对象方法的格式如下所示。

对象名.方法名［参数列表］

其中,"［　］"表示其中的内容根据具体情况提供或省略。

本题应用了窗体的Print方法和Cls方法,分别实现在窗体上输出文本和清除文本信息。

6. 通过程序设计,理解并掌握VB应用程序运行的两种方式。

【要求】 将题目5的应用程序编译成可执行文件,文件名为"VB学习.exe",并脱离VB集成开发环境,在Windows操作系统环境下直接运行。

【操作步骤】

(1) 打开题目的5工程文件。

(2) 在VB集成开发环境中,单击"文件"菜单→"生成t4.exe…"命令,打开"生成工程"对话框,首先选择要存储的位置(例如自己的学号文件夹),文件名设置为"VB学习.exe"。如图1-13所示。

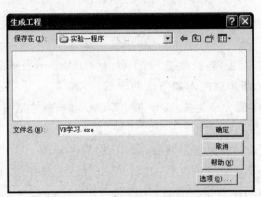

图1-13　"生成工程"对话框

(3) 打开存放"VB学习.exe"的文件夹,双击"VB学习.exe"文件即可运行。运行效果如图1-11所示。

【思考题6】 执行VB应用程序可以采用什么执行方式?此题使用的是什么执行方式?

【解答】 VB应用程序有两种执行方式:一种是解释方式,一种是编译方式。

(1) 在解释方式下运行程序时,不产生目标程序,解释系统对源程序翻译一句执行一句。需在VB集成开发环境中,选择"运行"菜单中的"启动"命令,或单击工具栏上的"启动"按钮,运行程序,由集成开发环境负责对应用程序的解释执行。

（2）编译方式，是指在 VB 开发环境中把应用程序全部翻译成机器指令表示的目标程序，并连接生成可执行文件（.exe），之后脱离 VB 集成开发环境，可直接在 Windows 操作系统环境下运行的方式。

本题中采用的是编译运行方式。

三、选做题（提高）

选做以下题目，进一步熟悉事件的概念，掌握 VB 的事件处理机制，把握编程的关键是"发生于哪个对象的哪种事件"。

1. 设计一个窗体，要求：包含两个标签和两个文本框，若在"输入"框中输入任意文字（以密码形式显示），将在"显示"框中同时显示相同的文字，"显示"框中的文字不能编辑。执行效果如图 1-14 所示。最后存盘，文件名自定。

【提示】

（1）文本框以密码形式显示，需设置 PasswordChar 属性，可设置为 ∗ ；文本框不能编辑需设置 Locked 属性，设置为 True。

（2）在"输入"框输入文字的同时，在"显示"框中显示相同的文字，即"输入"框中的内容改变时就触发的事件是 Change 事件。

2. 设计一窗体，不添加任何控件，要求：运行程序时，在窗体内按下鼠标时，窗体背景颜色为红色（vbRed），同时窗体的标题改为"鼠标按下"；当松开鼠标时窗体背景颜色为绿色（vbGreen），同时窗体的标题改为"鼠标抬起"。最后存盘，文件名自定。

【提示】

（1）窗体的背景颜色属性为 BackColor。颜色值可使用 VB 的符号常量：红色为 vbRed，绿色为 vbGreen。

（2）发生事件的对象是窗体，鼠标按下事件为 MouseDown，松开鼠标事件为 MouseUp。

选做以下题目，进一步加强对对象方法的理解。

3. 设计一窗体，窗体的大小为宽 6000 缇，高 5000 缇，并在其中添加两个命令按钮，名称属性默认，Caption 属性分别为"画图"和"清除"。单击"画图"按钮时在窗体上显示文字"圆和直线"，并以（2000，2000）位置为圆心，以 1000 为半径画一个黑色的圆，之后从（2000，2000）到（5000，3000）位置处画一条红色的线；单击"清除"按钮时，清除窗体上的文本和图形。执行效果如图 1-15 所示。最后存盘，文件名自定。

【提示】

（1）窗体的宽高属性分别是 Width 和 Height。

（2）窗体上画圆的方法为 Circle。此方法的格式可参考如下形式。

对象名.Circle (x,y), 半径值, 颜色值

（3）窗体上画线的方法为 Line，此方法的格式可参考如下形式。

对象名.Line (x1,y1)-(x2,y2), 颜色值

（4）黑色值（vbBlack），红色值（vbRed）。

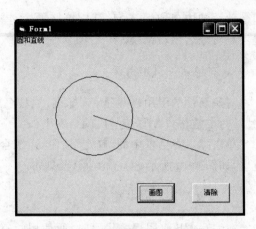

图 1-14 选做题目1执行效果图　　　　图 1-15 选做题目3执行效果图

四、常见错误提示

1. 对象名写错，或未添加某对象

例如，标签的对象名(名称属性)为 Label1(单词 Label 与数字 1 的结合)，而编写代码时，将标签的对象名误写为 Labell(单词 Label 与字母 l 的结合)，直接看很难区分；或者在窗体上没有添加名称为 Label1 的标签，而在代码中使用了这个不存在的对象，这两种情况，当运行程序时，都会弹出如图 1-16 所示的错误提示对话框。

图 1-16 "要求对象"错误提示对话框

在错误提示对话框中单击"调试"按钮，系统会标示出错误语句，如图 1-17 所示。

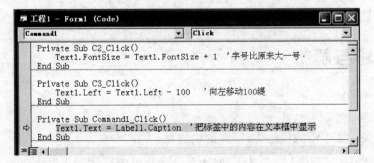

图 1-17 "对象名错误"代码窗口

此语句中,只有 Text1 和 Label1 两个对象,先检查窗体上是否存在这两个对象,再检查是不是对象名书写错误。

2. 对象属性引用错误

对象属性的引用格式是:对象名. 属性名称,而编写代码时将"."写成空格或"_"等字符,就会发生如图 1-18 所示的错误。

单击提示对话框中的"确定"按钮,系统会标示出错误所在位置,如图 1-19 所示,进行相应修改即可。

图 1-18 "属性的使用无效"
错误提示对话框

3. 英文符号写成中文符号

在编写 VB 应用程序代码时,所使用的符号都应是英文半角符号,如果在代码中使用了中文符号,例如,Print 语句中将英文双引号(" ")写成了中文双引号(""),如图 1-20 所示。

当回车确认时,就会弹出如图 1-21 所示的错误提示对话框,此时将中文符号改为英文半角符号即可。

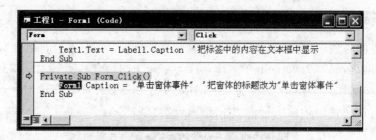

图 1-19 "对象属性引用错误"代码窗口

图 1-20 错误使用中文符号代码窗口

图 1-21 "无效字符"错误提示对话框

五、练习题与解析

选择题

(1) 下面关于文本框的说法中,错误的说法是(   )。

　　A. Text1. Caption="Hello",是将在文本框 Text1 中显示的 Hello

　　B. Text. Locked=True,设置该文本框 Text1 不能编辑

    C. Text. PasswordChar＝" ＊ ",设置文本框 Text1 输入的字符都显示为 ＊ ,但实际接收的还是输入的内容

    D. Text1. Enabled＝False,设置该文本框 Text1 不能响应用户事件

【答案】　A。

【解析】　A. 文本框没有 Caption 属性,显示信息使用 Text 属性。B. 当文本框的 Locked 属性为 True 时,则文本框不能编辑,即只能输出信息而不能输入信息。C. PasswordChar 属性可进行密码字符设置,在文本框中输入几个字符,显示时就显示几个密码字符,但文本框的 Text 属性值接收的还是实际输入内容。D. 控件的 Enabled 属性设置为 False 时,该控件不能响应用户事件;设置为 True 时,可以响应用户事件。

(2) 确定一个控件在窗体上的位置的属性是(　　)。

    A. Width 和 Height　　B. Width 或 Height　　C. Top 和 Left　　D. Top 或 Left

【答案】　C。

【解析】　确定一个控件在窗体上的位置的属性是 Top 和 Left,Left 表示控件左端与容器左端之间的距离,Top 表示控件顶端与容器顶端之间的距离。确定一个控件大小的属性是 Width 和 Height,其中 Width 表示控件的宽度,Height 表示控件的高度。

(3) 创建应用程序的界面时,在窗体上设置了一个命令按钮,运行程序后,命令按钮没有出现在窗体上,可能的原因是(　　)。

    A. 该命令按钮的 Value 属性被设置为 False

    B. 该命令按钮的 Enabled 属性被设置为 False

    C. 该命令按钮的 Visible 属性被设置为 False

    D. 该命令按钮的 Default 属性被设置为 True

【答案】　C。

【解析】　命令按钮没有 Value 属性,Enabled 属性是决定控件是否能接收用户事件,Visible 属性决定控件是否可见,Default 属性决定窗体的默认命令按钮。

(4) 确定一个控件大小的属性是(　　)。

    A. Width 和 Height　　　　　　　　B. Width 或 Height

    C. Top 和 Left　　　　　　　　　　D. Top 或 Left

【答案】　A。

【解析】　确定一个控件在窗体上的位置的属性是 Top 和 Left;确定一个控件大小的属性是 Width 和 Height。

(5) 当命令按钮的(　　)属性设置为 False 时,该按钮不可用。

    A. Enabled　　　　B. Visible　　　　C. Caption　　　　D. Height

【答案】　A。

【解析】　Enabled 属性决定控件是否能接收用户事件,对于命令按钮来说,Enabled 属性为 False,则命令按钮呈灰色,即不可用;Visible 属性决定控件是否可见;Caption 属性为控件的标题;Height 属性是控件的高度。

(6) 命令按钮不能响应的事件是(　　)。

    A. Click　　　　　　B. DblClick　　　　C. KeyPress　　　D. MouseUp

【答案】　B。

【解析】 事件是系统预先定义好的,命令按钮不能响应双击事件。

(7) 能够触发 DblClick 事件的操作是(　　　)。

    A. 单击鼠标　　　　　　　　　　　　B. 双击文本框

    C. 鼠标滑过文本框　　　　　　　　　D. 按下键盘上的某个键

【答案】 B。

【解析】 DblClick 是双击事件。

(8) 启动应用程序,会触发(　　　)事件。

    A. Form_Click()　　　　　　　　　　B. Form_Load()

    C. Form_GotFocus()　　　　　　　　D. Form_DblClick()

【答案】 B。

【解析】 启动应用程序,首先触发的是窗体装载事件;Click 是单击事件;GotFocus 是获取焦点事件;DblClick 是双击事件。

(9) Print 方法的功能是(　　　)。

    A. 使用对话框来输出指定的内容

    B. 使用对话框来输入内容

    C. 在指定的控件对象之上输出指定的内容

    D. 打印指定内容

【答案】 C。

【解析】 Print 方法用来在指定的对象上输出指定的内容,所指定的对象可以是窗体、图片框、立即窗口和打印机,如果省略对象,则默认在当前窗体上输出指定的信息。

(10) 工程文件与窗体文件的扩展名分别是(　　　)。

    A. .frm,.bas　　　　B. .vbg,.cls　　　　C. .vbp,.frm　　　　D. .bas,.frm

【答案】 C。

【解析】 VB 工程中涉及到的文件与对应的扩展名如表 1-2 所示。

表 1-2　VB 文件名称及其扩展名

文 件 类 型	扩 展 名	文 件 类 型	扩 展 名
窗体文件	.frm	标准模块文件	.bas
类模块文件	.cls	资源文件	.res
工程文件	.vbp	工程组文件	.vbg

(11) 下列说法正确的是(　　　)。

    A. 方法是 VB 对象可以响应的用户操作。

    B. VB 的应用程序只能运行在解释方式下。

    C. VB 是一种面向对象的可视化程序设计语言,采用了事件驱动的编程机制。

    D. 通用过程的内容决定了事件发生时的执行代码。

【答案】 C。

【解析】 A. 应改为　方法是 VB 对象可以执行的动作。B. 应改为　VB 的应用程序可以运行在两种方式下:一种是解释方式,一种是编译方式。D. 应改为　事件过程的内容决定了事件发生时的执行代码。

（12）以下叙述中错误的是（　　）。

A. VB是事件驱动型可视化编程工具

B. VB程序既可以编译运行，也可以解释运行

C. VB程序不是结构化程序，不具备结构化程序的三种基本结构

D. 保存VB程序时，应分别保存窗体文件及工程文件

【答案】　C。

【解析】　VB是采用事件驱动机制的面向对象的可视化程序设计语言，但它也具备结构化程序的特点，在事件处理过程和通用过程中具备结构化程序的三种基本结构，即顺序结构、选择结构和循环结构。

（13）一个对象可以执行的动作和可被对象识别的动作分别称为（　　）。

A. 事件、方法　　　　B. 方法、事件　　　　C. 属性、方法　　　D. 过程、事件

【答案】　B。

【解析】　事件是指对象能够识别并做出反应的外部刺激。方法是对象可以执行的动作。

（14）以下叙述中错误的是（　　）。

A. VB是事件驱动型可视化编程工具

B. VB程序既可以编译运行，也可以解释运行

C. VB的工作模式只有设计模式和运行模式两种

D. VB程序具有结构化程序的特点，具备结构化程序的三种基本结构

【答案】　C。

【解析】　VB的工作模式有三种：设计模式、中断模式以及运行模式。

（15）在设计阶段，当双击窗体上的某个控件时，所打开的窗口是（　　）。

A. 代码窗口　　　　　　　　　　　　B. 工程资源管理器窗口

C. 立即窗口　　　　　　　　　　　　D. 工具箱窗口

【答案】　A。

【解析】　双击窗体上的某个控件时，打开的是代码窗口。同时应掌握打开某个窗口的多种途径，包括通过菜单、工具栏、快捷键和功能键等方式。

（16）以下叙述中，错误的是（　　）。

A. 在VB中，对象所能响应的事件是由系统定义的

B. 对象的任何属性既可以通过属性窗口设定，也可以通过程序代码设定

C. 在VB中允许不同对象使用相同名称的方法

D. 在VB中的对象具有自己的属性和方法

【答案】　B。

【解析】　大部分属性可以通过属性窗口或程序代码来设置，但有些属性只能通过属性窗口设置，有些属性只能通过程序代码设置。所以选项B是错误的。事件是VB系统预定义的，用户是不能自己定义事件的，所以选项A正确。在VB中不同对象可以有相同名称的方法，如Form1. Move 200,300和Command1. Move 200,300语句，都是移动功能，方法都是Move，但对象主体不同，所以选项C是正确的。每个对象都有自己独有的属性和方法，所以选项D也是正确的。

（17）若要以代码方式设置在文本框中显示文本的字体大小，则可用文本框的（　　）属性来实现。

    A. FontName　　　　　B. Font　　　　　　　C. FontSize　　　D. FontBold

【答案】　C。

【解析】　若在属性窗口中设置某对象的字体（包括字体大小、字体名及字体效果等）应使用属性：Font。若要以代码方式设置字体大小，属性是：FontSize；设置字体（或字体名称），属性是：FontName；设置粗体，属性是：FontBold；设置斜体，属性是：FontItalic；设置下划线，属性是：FontUnderLine；设置删除线，属性是：FontStrikeThru。

实验二 顺序结构程序设计

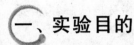

一、实验目的

(1) 掌握 VB 的基本数据类型。

(2) 掌握变量、常量、运算符、表达式的概念以及正确书写格式。

(3) 掌握赋值语句和常用函数的正确使用方法。

(4) 掌握数据输入、结果输出的方法。

二、实验内容与操作指导

说明：在 E 盘下建立自己的学号文件夹，将完成以下题目的相关文件均存放到此文件夹下，文件名自定。

1. 编写顺序结构程序，掌握 VB 基本数据类型、变量定义语句、赋值语句、变量与直接常量的概念、各种运算符，熟练使用 Print 方法进行结果输出。

【要求】

(1) 新建工程，窗体上不添加任何控件。

(2) 在窗体的 Click 事件处理过程中，添加如下代码。

```
Private Sub Form_Click()
    Dim str_1 As String, i As Integer, yes As Boolean, today As Date
    Print str_1; i; yes; today
    str_1 = "hello"
    i = 100
    yes = True
    today = #6/30/2010#
    Print str_1, i, yes, today
    Print str_1 & "nihao", 2 & 3
    Print str_1 + "nihao", 2 + 3
    Print 2 > 3, "2>3"
    Print "abc" > "ABC"
    Print Not yes
    Print today < #6/20/2010#
    Print today + 2
End Sub
```

（3）先思考每条 Print 语句应输出的结果，然后运行测试，查看自己的思考结果与计算机输出的结果是否相同。各条语句涉及的知识点参看下面的说明。之后，在此题基础上，自己定义某些变量、为变量赋值、书写表达式并进行输出。

【语句说明】

（1）第 1 条语句是变量声明语句。变量是指在程序的运行过程中，其值可以改变的量。声明变量包括指定变量名、变量的数据类型和变量的作用域。同时声明多个变量，使用逗号分隔。

此条语句中声明了 4 个变量，名称分别为 str_1，i，yes，today，由程序员自己命名，但要符合 VB 标识符的命名规则，如下所示。

① 以字母或汉字开头，其他位置的字符可以是字母、汉字、数字以及下划线(_)。

② 长度不能超过 255 个字符。

③ 不能与 VB 的关键字（如 Print，Dim 等）重名。

④ 在同一作用域中，变量名不能重复。

这 4 个变量的类型分别为字符串型、整型、逻辑型和日期型，分别使用关键字 String，Integer，Boolean，Date 指明。当这条语句执行时，系统会根据指定的类型为变量在内存中分配空间并赋初值，str_1 的默认初值是空字符串("")；i 的初值是 0；yes 的初值是 False；today 的初值是 0:00:00。

【思考】　如果语句写为 Dim str_1，i As Integer 那么变量 str_1 和 i 分别是什么类型？

这 4 个变量都是局部变量，它们的作用域都是从定义位置到所在过程结束位置，即当 Form_Click()过程执行完毕时，这 4 个变量的内存空间被释放，变量的值就不存在了；当再次单击窗体时，Form_Click()过程中的语句重新执行，此时重新为这 4 个变量分配内存空间，赋初值，重复上面说明的过程。

关于变量的作用域说明如表 2-1 所示。

表 2-1　变量的作用域

名　　称	关　键　字	声　明　位　置	作　用　域
局部变量	Dim 或 Static	过程中	过程
模块变量	Dim 或 Private	模块的通用声明处	窗体模块或标准模块
全局变量	Public	标准模块的通用声明处	整个应用程序

（2）第 2 条语句是输出语句。Print 方法是 VB 中非常重要的一个方法，具有计算和输出双重功能，对于表达式先计算后输出。使用格式如下所示。

[对象名称.]Print[表达式列表][,|;]

各部分说明如下。

① 对象名称　可以是窗体、图片框、打印机及立即窗口。如果省略对象名称，则在当前窗体上输出。

② 表达式列表　可以是变量、常量及各种表达式。如果是变量则输出变量的值，如果是常量则照原样输出，如果是表达式则先计算再输出结果。若输出多个表达式，应使用分隔符（逗号(,)和分号(;)）分隔，使用分号(;)按紧凑格式输出；使用逗号(,)按标准格式输出，

即每隔 14 列为一个输出区。

③ 末尾的分号或逗号 如果 Print 语句的末尾没有分号或逗号,则输出信息之后会自动换行;如果 Print 语句的末尾有分号或逗号,则下一个 Print 语句输出的内容在当前 Print 语句输出内容的后面(在同一行),按紧缩格式(分号)或标准格式(逗号)输出。

所以,对于第 2 条语句:

```
Print str_1; i; yes; today
```

要求按紧缩格式输出 4 个变量的值,str_1 的值是空字符串("");i 的值是 0;yes 的值是 False;today 的值是 0:00:00。所以,当此条输出语句执行时,窗体的第一行显示如下:

```
0 False0:00:00
```

注意:数值型的数据在显示时,数值左侧有一个符号位,正号通常省略,数值右侧有一个结束位。所以 0 的左右各有一个空格。另外,空字符串什么也不会输出,注意与空格区别。

(3)第 3 条语句是赋值语句。赋值语句的一般格式如下所示。

```
变量名 = 表达式
```

具体说明如下。

① 此处的(=)称为赋值号,赋值语句首先计算(=)右侧的表达式,然后把结果赋给(=)左侧的变量。变量原有的值被覆盖。

② 变量名可以是用户变量,也可以是对象属性变量。

③ 表达式计算结果的数据类型应与变量的数据类型相容。

对于语句 str_1 = "hello",赋值号右侧是一个字符串常量(要用英文半角的双引号把字符串括起来),则该语句执行后,在变量 str_1 中存储的就是连续的一串字符。关于常量有两种,一种是直接常量,一种是符号常量,此处使用的是直接常量,直接常量是指在程序代码中直接给出的数据;符号常量将在下一题中讨论。

(4)第 4 条语句是赋值语句。语句 i = 100 将赋值号右侧的整型常量 100 赋给变量 i,则该语句执行后 i 的值就是 100,覆盖了原来的 0。

如果将一个单精度常量赋值给 i,例如 i=100.23,系统会自动按四舍五入的原则对 100.23 进行取整为 100,再赋值给变量 i,这就是赋值相容。

(5)第 5 条语句给逻辑型变量赋值。逻辑型常量只有两个值,即 True 和 False。

(6)第 6 条语句给日期时间型变量赋值。日期时间型常量要用两个(#)括起来,如 #6/30/2010#。

(7)第 7 条语句按标准格式输出 4 个变量的值。因为上面 4 条语句分别给 4 个变量赋予了新值,所以此语句输出结果如下。

```
hello         100          True          2010－6－30
```

以 14 列为一个输出区,即输出"h"后再间隔 14 个字符后输出"100"。

(8)第 8 条语句按标准格式输出两个字符串表达式的值。字符串连接运算符 & 自动将其两边的数据转换成字符串类型后,首尾连接成一个字符串,结果是字符串类型。所以语句:

```
Print str_1 & "nihao", 2 & 3
```

输出的结果如下。

```
hellonihao    23
```

（9）第9条语句输出两个不同类型表达式的值。＋有两种运算功能,当其左右两端的操作数均为字符串型数据时,进行字符串连接运算,结果是字符串类型;当其左右两端的操作数不都是字符串型数据时,完成加法运算,结果是数值型,但如果操作数类型与数值型不相容,则会出错。所以语句:

```
Print str_1 + "nihao", 2 + 3
```

输出结果是:

```
hellonihao    5
```

【思考】　如果执行语句:

```
Print i + "3" ,i + "nihao"
```

结果会怎样? 为什么?

（10）第10条语句按标准格式输出关系表达式的值和一个字符串。关系表达式的结果是逻辑型数据,即 True 或 False。2 小于 3,则表达式 2＞3 的结果为假,即 False;而如果用双引号将 2＞3 引起来,那就是一个字符串常量了。所以语句:

```
Print 2 > 3, "2 > 3"
```

输出结果是:

```
False         2 > 3
```

（11）第11条语句输出关系表达式的值。两个字符串进行比较时,从两个字符串的第一个字符开始,如果第一个字符相同,则比较第二个,依次类推,直到比较完所有字符。比较字符的大小时,西文半角字符按其 ASCII 码值比较,默认情况下区分大小写,如果在模块的通用声明处加上语句:Option Compare Text,则不区分大小写;汉字和全角字符按汉字国标码的顺序比较。所以语句:

```
Print "abc" > "ABC"
```

输出结果是:

```
True
```

（12）第12条语句输出逻辑表达式的值。逻辑运算符,专门对逻辑值进行运算,运算的结果为一个逻辑值。Not 完成"取反"运算,因为当前 yes 变量的值是 True,所以语句:

```
Print Not yes
```

输出结果是:

```
False
```

（13）第 13 条语句输出关系表达式的值。日期时间型数据进行比较时,较晚的日期时间大于较早的日期时间。当前 today 变量的值是♯6/30/2010♯,所以语句:

Print today < ♯6/20/2010♯

输出结果是:

False

（14）第 14 条语句输出算术表达式的值。日期时间型数据可以加、减一个数值得到一个新的日期时间型数据,也可以两个日期时间型数据进行减法运算,得到一个差值。所以语句:

Print today + 2

输出结果是:

2010 - 7 - 2

2. 编写一个顺序结构的应用程序。熟练掌握变量的定义,变量与符号常量的区别,VB 表达式的正确书写规则。

【要求】　新建工程,在窗体 Form1 上添加一个 Shape 控件,Shape 的属性设置为 Circle;添加一个 Line 控件,作为圆的半径;添加三个 Label 控件,Caption 属性分别设置为 "半径＝"、"周长＝"和"面积＝";添加三个 Text 控件,Text 属性均设置为空;添加两个 CommandButton 控件,Caption 属性分别设置为"计算"和"退出"。程序的功能是,在第一个文本框中输入半径值,单击"计算"按钮时,将圆的周长和面积分别在第二、三文本框中输出显示;单击"退出"按钮时,结束程序的运行。界面如图 2-1 所示。

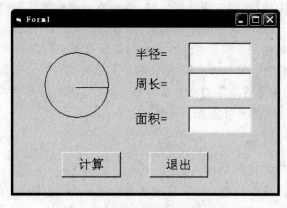

图 2-1　题目 2 执行效果图

【操作过程】

（1）新建工程。

（2）按题目要求进行界面设计。

（3）在属性窗口中设置各控件的相关属性值。

（4）代码设计,"计算"和"退出"按钮的 Click 事件处理过程代码参考如下。

```
Private Sub Command1_Click()
    Dim r As Single, area As Single, circ As Single
    Const PI As Single = 3.14159
    r = Text1.Text
    circ = 2 * PI * r
    area = PI * r ^ 2
    Text2.Text = circ
    Text3.Text = area
End Sub
Private Sub Command2_Click()
    End
End Sub
```

程序设计说明：

① 一个完整的程序通常包括三个部分：数据输入、数据处理以及结果输出。本题中要求利用文本框输入半径值，数据处理部分计算圆的周长与面积，结果输出部分将周长与面积利用文本框显示。在整个过程中涉及到三个量：半径、周长及面积，所以在程序的开头，应先进行这三个变量的定义，变量名遵循 VB 标识符的命名规则可自定，变量类型可定义为实数形式，即 Single 或 Double。

② 第 2 条语句定义了一个符号常量 PI，用来代表圆周率 3.14159。

常量分为两种，一种是直接常量，一种是符号常量。符号常量是指用标识符代表常量值。符号常量的定义语句格式如下所示。

[Private|Public] Const 符号常量名 [As 数据类型] = 常数表达式

其中，Const 是 VB 关键字，表示该语句是符号常量定义语句。[Private|Public]部分用来定义符号常量的作用域（类似于变量作用域，参看第 1 题中的相关说明）。符号常量名由编程人员命名，需符合 VB 标识符的命名规则，通常使用大写字母表示。[As 数据类型]部分含义与变量定义语句相同。符号常量在定义时必须指明它的值。

使用符号常量的好处：便于修改程序，程序中若多处用到符号常量所代表的常量值，如果要改变常量的值，只需要在声明符号常量语句中修改它所代表的值即可。例如，本题中圆周率如果取值为 3.14，只须将第 2 条语句改为：

Const PI As Single = 3.14

即可，则后面语句中 PI 均代表 3.14。

使用符号常量应注意的问题：指定符号常量的值后，不允许重新给符号常量赋值。此外，符号常量不同于变量，它不占据内存空间，只是直接常量的一个代号而已。

③ 利用文本框输入数据：

r = Text1.Text

即读取文本框的 Text 属性值，之后赋值给存储半径值的变量 r。注意属性变量 Text1.Text 的数据类型是字符串型，如果输入"2.5"，实际上 Text1.Text 中的值是字符串"2.5"，因为此字符串与数值型类型相容，所以系统会自动转换成 Single 类型再赋值给变量 r。运行时，试一试在第一个文本框中输入 abc，单击"计算"按钮，会发生什么情况？

为了保证程序的正常运行,此条语句最好写成:

```
r = Val(Text1.Text)
```

Val 函数的功能是将含有数值信息的字符串转换为数值型数据,即从左到右转换,直到遇到不能进行转换的字符为止。如果在文本框中输入 abc,上面语句执行后,r 的值是多少?

④ 计算周长。

```
circ = 2 * PI * r
```

圆的周长,在数学中公式是 $2\pi r$,而 VB 表达式的书写规则要求乘号不能省略。再有 VB 不识别 π,需编程人员自己给出圆周率,可用直接常量,如 3.14,或者定义一个值为 3.14(或更高精度的值)的符号常量,如取名为 PI。

⑤ 计算面积。

```
area = PI * r ^ 2
```

圆的面积,在数学中公式是 πr^2,而 VB 表达式的书写规则要求表达式从左到右在同一基准上书写,无高低、大小,表示 r^2,可利用幂运算运算符 ^,写为 r^2。

⑥ 利用文本输出结果。将要输出显示的值赋值给文本框的 Text 属性即可。

```
Text2.Text = circ
Text3.Text = area
```

关于文本框既有输入功能,又有输出显示功能,对比③中的说明,总结文本框进行输入、输出时,语句的书写有何特点?

⑦ 结束语句:End。

End 语句能够强行终止程序代码的执行,清除所有变量。

(5) 运行程序,输入不同的半径,查看结果。

(6) 保存文件,各文件名自定。

3. 编写一个简单的应用程序。掌握交换算法和随机函数,进一步理解顺序结构应用程序的执行过程。

【要求】 新建工程,在窗体 Form1 上添加三个文本框控件,Text 属性设置为空;添加两个标签,Caption 属性分别为一和=;添加三个命令按钮,Caption 属性分别设置为"生成随机数"、"计算"、"交换"。程序功能是当单击"生成随机数"按钮时,在前两个文本框中分别出现一个[10,99]之间的随机整数,当单击"计算"按钮时,对这两个随机整数进行减法运算,结果在第三个文本框中显示,当单击"交换"按钮时,将这两个随机整数的位置进行互换。执行效果如图 2-2 所示。

【操作过程】

(1) 新建工程。

(2) 按题目要求进行界面设计。

(3) 在属性窗口中设置各控件相关属性值。

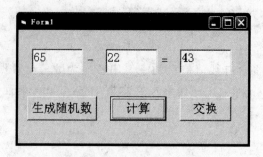

图 2-2　题目 3 执行效果图

（4）代码设计，各按钮的 Click 事件处理过程代码参考如下：

```
Option Explicit
Dim x%, y%, z%
Private Sub Command1_Click()
    Randomize
    x = Int(Rnd * 90) + 10
    y = Int(Rnd * 90) + 10
    Text1.Text = x
    Text2.Text = y
    Text3.Text = ""
End Sub
Private Sub Command2_Click()
    z = x - y
    Text3.Text = z
End Sub
Private Sub Command3_Click()
    Dim t%
    t = x
    x = y
    y = t
    Text1.Text = x
    Text2.Text = y
    Text3.Text = ""
End Sub
```

程序设计说明：

① 整体考虑，本题程序功能有三：随机生成两个随机整数 x 和 y；进行 x-y 的计算；x 与 y 值的互换。这三个功能要求分别由三个命令按钮的事件处理过程完成，也就是说三个事件处理过程针对同一组变量 x,y 操作，所以此时要将变量定义为模块级变量，即在当前窗体模块的通用声明处定义变量。而题目 2 中，由于涉及到变量的操作在一个命令按钮的事件处理过程中，所以在该事件处理过程定义过程级变量即可，请对比理解。

此外，变量定义的第二种形式，即使用数据类型声明符，具体格式如下所示。

< Public|Private|Dim|Static > 变量名<类型声明符>

可使用的类型声明符如表 2-2 所示。

表 2-2　数据类型声明符

数 据 类 型	类型声明符	数 据 类 型	类型声明符
String(字符串型)	$	Integer(整型)	%
Long(长整型)	&	Single(单精度型)	!
Double(双精度型)	#	Currency(货币型)	@

所以在模块通用声明处(所有过程的最上端)书写如下语句：

```
Option Explicit
Dim x%, y%, z%
```

其中，Option Explicit 语句要求该模块中的所有变量必须先声明才可以使用，可以免除因变量拼写错误而产生一个新变量的问题。此后编程，建议在模块的通用声明位置处加入该语句。

② "生成随机数"按钮的 Click 事件处理过程需完成产生两个随机数赋值给 x 和 y，之后分别由文本框显示。产生随机数可以使用 VB 的 Rnd 函数，但此函数只能产生一个 [0,1] 区间的 Single 类型的随机数，要生成某范围的整数，需进行处理。若要产生 [m,n] 区间的随机整数，可使用公式：Int(Rnd ∗ (n−m+1))+m，所以要产生 [10,99] 之间的随机整数的表达式为：Int(Rnd ∗ 90) + 10。

③ "交换"按钮的 Click 事件处理过程需完成两个数据的交换，可使用交换算法：利用第三变量可完成两数交换处理，如：

```
t = x: x = y: y = t
```

三条语句可以写在同一行，用"："分隔，也可以分别占据一行，注意这是典型的顺序结构语句，按书写的次序执行语句，所以要注意语句的书写次序。思考，如果语句写为 t＝x：y＝x：y＝t，会出现什么现象？请验证。

(5) 运行程序，查看结果。

(6) 保存文件，各文件名自定。

4．编写一个简单的应用程序。熟练使用常用内部函数进行程序设计。

【要求】　新建工程，在窗体 Form1 上添加两个文本框控件，Text 属性设置为空；添加两个标签控件，Caption 属性分别设置为"小写字母"和"大写字母"；添加两个命令按钮，Caption 属性分别设置为"随机生成小写字母"和"转换"。程序功能是当单击"随机生成小写字母"按钮时，在第一个文本框中出现一个小写字母，当单击"转换"按钮时，在第二个文本框显示对应的大写字母。执行效果如图 2-3 所示。

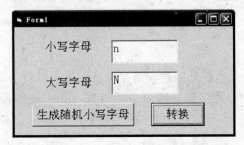

图 2-3　题目 4 执行效果图

【操作过程】

（1）新建工程。

（2）按题目要求进行界面设计。

（3）在属性窗口中设置各控件相关属性值。

（4）代码设计，程序代码参考如下。

```
Option Explicit
Dim ch As String
Private Sub Command1_Click()
    Dim ch_num As Integer
    ch_num = Int(Rnd * 26 + 97)
    ch = Chr(ch_num)
    Text1.Text = ch
    Text2.Text = ""
End Sub
Private Sub Command2_Click()
    ch = UCase(ch)
    Text2.Text = ch
End Sub
```

程序设计说明：

① 在模块的通用声明处，书写如下语句：

```
Option Explicit
Dim ch As String
```

强制要求变量必须先声明后使用，免除错写变量名的问题。定义一个模块级的变量ch，可在该窗体模块的所有过程中使用。

② "生成随机小写字母"按钮的 Click 事件处理过程需完成随机生成一个小写字母，但VB 中只提供了 Rnd 函数生成一个大于等于 0 并且小于 1 的单精度型随机数，在题目 3 中解决了利用 Rnd 函数生成随机整数的问题，考虑到英文字符在内存中是以其 ASCII 值进行存储的，小写字母 a～z 的 ASCII 码值是 97～122，因此利用题目 3 中给出的公式可随机生成一个 97～122 之间的随机整数，之后，再利用 Chr 函数将 ASCII 码值转换成对应字母。

代码编写也可不用中间变量 ch_num，可写为：

```
Private Sub Command1_Click()
    ch = Chr(Int(Rnd * 26 + 97))
    Text1.Text = ch
    Text2.Text = ""
End Sub
```

③ "转换"按钮的 Click 事件处理过程需完成将随机生成的小写字母转换成对应的大写字母，VB 中提供了进行大小写字母转换的一对函数，Lcase 函数是把字符串中的大写字母转换为小写字母，Ucase 函数是把字符串中的小写字母转换成大写字母。此处的代码也可以写为：

```
Private Sub Command2_Click()
    Text2.Text = UCase(Text1.Text)
End Sub
```

即读取当前 Text1 文本框中的字符串,转换成大写字母形式后由 Text2 文本框显示。

(5) 运行程序,查看结果。

(6) 保存文件,各文件名自定。

5. 编写一个简单的应用程序。掌握输入对话框(InputBox 函数)与输出信息框(MsgBox 函数)的使用。

【要求】　新建工程,在名称为 Form1 的窗体上建立两个名称分别为 Cmd1 和 Cmd2,标题分别为"输入"和"连接"的命令按钮。要求程序运行后,单击"输入"按钮,可通过输入对话框输入两个字符串,分别存入字符串变量 a 和 b 中(a 和 b 应定义为窗体变量,即模块级变量),如果单击"连接"按钮,则把两个字符串连接为一个字符串(顺序不限)并在信息框中显示出来(在程序中不得使用任何其他变量)。执行效果如图 2-4 所示。

图 2-4　题目 5 执行效果图

【操作过程】

(1) 新建工程。

(2) 按题目要求进行界面设计。在窗体上添加两个命令按钮。

(3) 在属性窗口中设置各控件相关属性值。将两个命令按钮的名称属性分别设置为 Cmd1 和 Cmd2,Caption 属性分别设置为"输入"和"连接"。

(4) 代码设计,设计两个命令按钮的 Click 事件处理过程,程序代码参考如下。

```
Option Explicit
Dim a As String, b As String
Private Sub Cmd1_Click()
    a = InputBox("请输入第一个字符串", "输入", "", 1000, 1000)
    b = InputBox("请输入第二个字符串", "输入", "", 1000, 1000)
End Sub
Private Sub Cmd2_Click()
    MsgBox a & b, 0 + 64 + 0 + 4096, "输出"
End Sub
```

程序设计说明:

　　① 题目要求定义两个字符串变量 a 和 b,并且为窗体变量,也就是模块级变量,应在模块的通用声明处定义,这样在该模块的所有过程中均可使用这两个变量。

　　② 输入数据,通常有两种方式,一种是前面已经学习过的文本框,另一种就是本题中要求使用的输入对话框。VB 中提供了 InputBox 函数,通过调用该函数可产生一个输入对话框,等待用户输入数据,并返回所输入的内容。函数的语法如下:

```
InputBox(prompt[, title] [, default] [, xpos] [, ypos] [, helpfile, context])
```

　　参数说明:prompt 表示提示信息,类型是字符串型,是必须提供的参数,最多不能超过 1024 个字符;title 表示对话框的标题,类型是字符串型,可省略;default 表示输入框中的默认值,可省略;xpos 表示输入对话框左侧相对屏幕左侧的距离,可省略,省略此参数时输入对话框在屏幕水平方向上居中;ypos 表示输入对话框上侧相对屏幕上侧的距离,可省略,省略此参数时输入对话框出现在屏幕垂直方向的三分之一位置处;helpfile 和 context 表示帮助文件名与相关主题的帮助目录号,可省略,不省略时要同时给出。

　　若有语句:

```
a = InputBox("请输入第一个字符串", "输入", "", 1000, 1000)
```

　　执行后就会产生如图 2-4 中第一行右侧的输入对话框,提示信息是"请输入第一个字符串",对话框的标题是"输入",输入框中的默认值为空,对话框出现的位置在屏幕(1000,1000)处。若在输入框中输入 abc,单击"确定"按钮或 Enter 键,则此函数返回一个字符串 abc 并赋值给变量 a;而如果单击的是"取消"按钮,则此函数返回空字符串。注意,InputBox 函数的返回值是字符串类型的,如果要赋值给数值型变量,则应该使用 Val 函数将其返回值进行转换。

　　程序中的语句也可以使用最简形式,即只给出提示信息参数:

```
a = InputBox("请输入第一个字符串")
```

　　请验证此语句。

　　③ 显示信息或输出结果通常有 4 种方式,前面已学习过三种:一种是利用标签;一种是利用文本框;一种是利用 Print 方法在窗体上输出。再有一种就是本题要求的信息框,VB 中提供了 MsgBox 函数,利用此函数可以产生一个消息对话框,用于显示信息,并等待用户单击某按钮返回。MsgBox 函数调用时有两种形式,通常情况下,如果生成的对话框需有多个按钮,要考虑用户单击了哪个按钮,则应使用函数形式,则其返回值是一个整型值,与用户单击的那一个按钮对应;如果生成的对话框只有一个"确定"按钮,只用于输出信息,则使用过程形式,放弃返回值。MsgBox 函数的语法如下。

```
MsgBox(prompt[, buttons] [, title] [, helpfile, context])
```

　　参数说明:prompt 表示要显示的信息,是一个字符串,长度不超过 1024 个字符,是必须要有的参数;buttons 表示对话框类型,包括显示的按钮种类及数量、图标的种类、默认按钮、等待模式,是一个数值表达式,此参数可省略,省略时此参数值为 0,即生成的对话框上只有一个"确定"按钮并且没有任何图标,此参数的取值与含义参见表 2-3 所示;title 表示对话框的标题,是一个字符串,此参数可省略;helpfile 和 context 表示帮助文件名与相关主题的帮助目录号,可省略,不省略时要同时给出。

题目要求不得定义其他变量,则无法接收 MsgBox 函数的返回值,所以最好使用 MsgBox 的过程调用形式(关于 MsgBox 的函数调用形式将在实验三中讨论),语句可写为:

```
MsgBox a & b, 0 + 64 + 0 + 4096, "输出"
```

第一个参数就是要输出显示的信息,题目中要求两个字符串的连接结果,所以此处写为 a&b(或 a+b);第二个参数是对话框的类型,表达式 0+64+0+4096 可以对照表 2-3 来理解,表示显示一个"确定"按钮+信息图标+第一个按钮为默认按钮+系统等待模式,也可写为 64+4096;第三个参数是对话框的标题,为"输出"。

此语句也可写为:

```
MsgBox a & b, , "输出"
```

将第二个参数省略,但注意位置要留出,则值为 0,那么此时对话框的类型为:只有一个"确定"按钮、无图标、第一个按钮为默认按钮、应用程序等待模式。

语句也可写为最简形式:

```
MsgBox a & b
```

请验证此两种形式。

表 2-3　MsgBox 对话框类型相关参数

分　类	符号常量	数　值	说　明
命令按钮种类	vbOKOnly	0	显示"确定"按钮
	vbOkCancel	1	显示"确定"和"取消"按钮
	vbAbortRetryIgnore	2	显示"终止"、"重试"和"忽略"按钮
	vbYesNoCancel	3	显示"是"、"否"和"取消"按钮
	vbYesNo	4	显示"是"和"否"按钮
	vbRetryCancel	5	显示"重试"和"取消"按钮
图标类型	vbCritical	16	显示停止图标"×"
	vbQuestion	32	显示问号图标"?"
	vbExclamation	48	显示警告图标"!"
	vbInFormation	64	显示信息图标"i"
默认按钮	vbDefaultButton1	0	指定第一个按钮为默认按钮
	vbDefaultButton2	256	指定第二个按钮为默认按钮
	vbDefaultButton3	512	指定第三个按钮为默认按钮
等待模式	vbApplicationModal	0	表示当前应用程序挂起,直到用户对信息框做出响应才继续工作
	vbSystemModal	4096	表示所有应用程序挂起,直到用户对信息框做出响应才继续工作

(5) 运行程序,查看结果。

(6) 保存文件,各文件名自定。

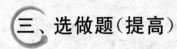
三、选做题(提高)

　　选做以下题目,进一步熟练掌握 VB 变量、常量、表达式、常用内部函数的正确使用,输入数据、输出结果的多种方式,理解键盘事件与控件焦点的设置。

　　1. 设计一个窗体,界面如图 2-5 所示。程序的功能是:在文本框中输入一串英文字母,单击"小写"按钮时,文本框中的字母全部以小写形式显示;单击"大写"按钮时,文本框中的字母全部以大写形式显示;单击"还原"按钮时,文本框显示最初输入的字符串。要求使用窗体变量。

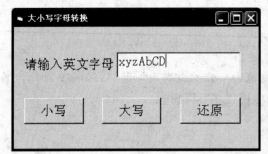 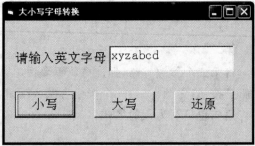

图 2-5　选做题目 1 执行效果图

【提示】

　　本题的关键是如何保存文本框输入的原始字符串。可选用文本框的键盘事件(KeyUp,KeyDown,KeyPress),KeyUp 事件是最佳选择,即文本框中只要发生键的抬起事件,就将输入保存到定义好的窗体变量中。思考,本题中可以使用文本框的 Change 事件吗?

　　2. 设计一个简易学生成绩管理器,界面如图 2-6 所示。程序的功能是:在"学号"、"英语"、"数学"标签对应的文本框中输入数据,单击"添加"按钮时,计算英语与数学的总分,然后将当前学号、英语、数学、总分值 4 项追加在左侧文本框的末行。此外,程序启动时,要求焦点在"学号"所对应的文本框中。

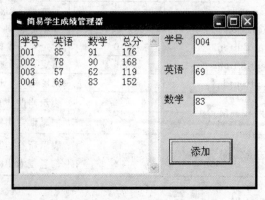

图 2-6　选做题目 2 执行效果图

【提示】

（1）左侧的文本框要显示多行文本，则需将 MultiLine 属性设置为 True，若内容较多，可再设置 ScrollBars 属性，为文本框加上滚动条。

若要在能显示多行文本的文本框中加入回车换行，可使用 VB 的字符串型的符号常量 vbCrLf（也可使用 Chr(13) & Chr(10)）。

（2）设置焦点可使用控件的 SetFocus 方法，但注意此方法不能应用在 Form_Load() 事件处理过程中，若要想程序启动时将焦点设置于 Text2 对象上，可在 Form_Activate() 事件过程中添加语句：Text2. SetFocus。

（3）为了在文本框中更整齐地显示多个数据，可使用 Format 格式化函数。例如：Format(x, "! @@@@@")，5 个 @ 占位符表示 x 的值可占 5 个字符位，如果 x 的值不足 5 位由空格补充，"!"表示 x 的值在显示位置中左对齐。

也可以用空格分隔多个数据，可使用 Space(n) 函数，其中的 n 为要加入的空格数。

四、常见错误提示

1. 多条语句书写在一行出现的语法错误

如果在实验内容与操作指导题目 1 中，将第 1 条语句写为：

```
Dim str As String, i As Integer,dim yes As Boolean, today As Date
```

运行程序，单击窗体时，则会出现如图 2-7 所示的错误提示。

一个 Dim 关键字引导一条语句，此句中出现两个 Dim，则应为两条语句，按照 VB 的编码规则，多条语句写在同一行时，应使用分隔符"："；或者，每条 Dim 语句独立占据一行；再或者，去掉第二个 Dim，利用一条 Dim 语句定义多个变量，每个变量声明用"，"分隔。正确语句书写如下：

图 2-7　"语法错误"提示对话框

（1）第一种方式：

```
Dim str As String, i As Integer: Dim yes As Boolean, today As Date
```

（2）第二种方式：

```
Dim str As String, i As Integer
Dim yes As Boolean, today As Date
```

（3）第三种方式：

```
Dim str As String, i As Integer, yes As Boolean, today As Date
```

2. 同时给多个变量赋值，没有造成语法错误但形成逻辑错误

假设有如下语句：

```
Dim x%, y%, z%
    x = y = z = 1
```

此两条语句执行后，x,y,z 的值是多少？答案是：x,y,z 的值都是 0，并没有完成想象中为三个变量同时赋值为 1 的操作。实际上语句 x=y=z=1，只有最左边的是赋值号，另外两个是关系运算符，所以此语句只会给 x 进行赋值，y 和 z 维持原来的 0 值。因为赋值运算的级别最低，所以先计算表达式 y=z=1，两个关系运算符级别一样，从左向右计算，当前 y 和 z 的初值都是 0，二者相等，因而 y=z 运算结果为逻辑值 True，逻辑值 True 由系统自动转换为数值 −1，接着计算 −1=1 表达式，运算结果为逻辑值 False，逻辑值 False 则转换成数值 0，相当于将这个 0 赋值给了 x。

要完成给 x,y,z 三个变量同时赋值为 1，应使用三条语句，如下所示。

x = 1 : y = 1 : z = 1

3. 变量名写错

假如，定义了一个变量 passtime，而在后面使用时误写为 pastime，这是两个变量，会造成结果的错误，为了避免此种情况，在模块的通用声明段加上 Option Explicit 语句，强制要求变量先声明后使用，若有前面说明的问题出现，则会在编译时给出提示，如图 2-8 所示，此时单击"确定"按钮，系统会选中未定义的变量，对此修改程序即可。

4. 语句书写位置错

注意在模块的通用声明段除了 Option 语句外，只能有变量及符号常量的声明语句，不能有赋值等其他语句。否则运行时，就会出现如图 2-9 所示的编译错误。

图 2-8 "变量未定义"错误提示　　　　　图 2-9 "无效外部过程"错误提示

五、练习题与解析

1. 选择题

（1）下列数据类型中，所占字节数最长的是（　　）。

　　A. 逻辑型　　　　　　B. 长整型　　　　　　C. 单精度型　　　　D. 日期型

【答案】 D。

【解析】 逻辑型数据占 2 个字节，长整型数据占 4 个字节，单精度型数据占 4 个字节，日期型占 8 个字节。

（2）如果希望使用变量 x 来存放数据 687543.123456，应将该变量 x 声明为（　　）类型的变量。

　　A. Integer　　　　　　B. Single　　　　　　C. Byte　　　　D. Double

【答案】　D。

【解析】　注意有效数字的个数。单精度型可以有 7 位,双精度型可以有 15 位。货币型可以有 15 位整数,4 位小数。

(3) 以下变量名中合法的是( )。

    A. name   B. 6a   C. a+b   D. Print

【答案】　A。

【解析】　VB 标识符的命名规则是以字母或汉字开头,后面跟随字母、汉字、数字、下划线,不超过 255 个字符,不使用 VB 关键字的字符组合。选项 B 以数字开头;选项 C 中含有非法字符;选项 D 是 VB 的关键字,所以只有选项 A 正确。

(4) 执行 Dim a, b As Integer 后,a 和 b 各是什么数据类型?( )

    A. Integer Integer   B. 没类型 Integer

    C. Variant Integer   D. Integer Variant

【答案】　C。

【解析】　Dim 语句中要对每个变量分别进行类型说明,如果省略 as 子句,则该变量就是变体型,即 Variant 类型。

(5) 强制变量声明语句是( )。

    A. Option Base 0   B. Explicit Option

    C. Option Explicit   D. Explicit

【答案】　C。

【解析】　在模块的通用声明处加入语句:Option Explicit,则变量必须先声明后使用。

(6) 表达式"12"+34 的结果是( )。

    A. 1234   B. "1234"   C. 46   D. "46"

【答案】　C。

【解析】　进行字符串连接操作的符号有 & 与 +。& 可将任意类型的两个数据转换成字符串并连接,结果是字符串;+ 只能将两个字符串类型的数据连接,结果是字符串,但如果两个数据不同时为字符串,则进行加法运算,结果是数值型数据,而若这两个数据不能转换成数值型数据时,则出错。此题中两个操作数一个是字符串,一个是数值,所以要完成加法运算,并且字符串"12"与数值型相容,自动转换成数值 12,所以选项 C 正确。

(7) 在窗体上画一个名称为 Command1 的命令按钮,然后编写如下事件过程:

```
Private Sub Command1_Click()
    Print Right("asdf", 2) & Ucase("as")
End Sub
```

程序运行后,单击命令按钮,在窗体上显示的内容是( )。

    A. dfAS   B. asAS

    C. dfas   D. asas

【答案】　A。

【解析】　Right 函数的功能是从字符串的右侧取若干字符,Right("asdf",2)返回值是df;Ucase 函数的功能是将字符串转换成大写形式,Ucase("as")返回值是 AS;两个字符串连接则结果为选项 A。

(8) 表达式 Len("123 程序设计 ABC")的值是(　　　)。

　　　A. 10　　　　　　　　B. 14　　　　　　　　C. 17　　　　　　　　D. 20

【答案】 A。

【解析】 VB 采用 Unicode 字符集。Len 函数返回字符串的字符个数,注意字符串中一个汉字即一个字符,一个字母即一个字符,一个数字即一个字符,一个空格也是一个字符。

(9) 执行语句 s＝Mid("Visual Basic",7,5)后,s 的值是(　　　)。

　　　A. "VisualBasic"　　　B. "Basic"　　　　C. "VisualB"　　　D. "Bas"

【答案】 B。

【解析】 Mid("Visual Basic",7,5)实现的功能是从字符串" Visual Basic"第 7 个字符处开始取连续的 5 个字符,所以答案为选项 B。

(10) 表达式 Int(3.5＋Fix(3.2))的值为(　　　)。

　　　A. 7　　　　　　　　B. 7.5　　　　　　　　C. 6　　　　　　　　D. 6.5

【答案】 C。

【解析】 Int 和 Fix 两个函数都是取整函数。当操作数是正数时,两个函数都直接删除小数部分,返回整数部分(注意不进行四舍五入);当操作数是负数时,Int 返回小于等于操作数的最大整数,而 Fix 返回大于或等于操作数的最小整数。本题中操作数都是正数,所以答案为选项 C。思考,若有表达式 Int(6.6)＋Fix(−6.6)的结果是什么? 而如果表达式是 Fix(6.6)＋ Int(−6.6),结果又是什么?

(11) 设 a＝5,b＝10 则执行 c＝Int((b−a) * Rnd＋a)＋1 后,c 值的范围为(　　　)。

　　　A. 5～10　　　　　　B. 6～9　　　　　　　C. 6～10　　　　　　D. 5～9

【答案】 C。

【解析】 掌握[m,n]区间的随机整数生成表达式:Int(Rnd * (n−m＋1))＋m。则此题中,将 a、b 的值代入表达式,则 c＝Int(Rnd * 5)＋6,与公式对照可得 m＝6,而 n＝m＋5−1＝10,所以此题答案为选项 C。

(12) 给变量 x 赋值一个 10 到 99 之间的随机整数的表达式为(　　　)。

　　　A. x＝Rnd * 99　　　　　　　　　　　　B. x＝Rnd * 90＋10

　　　C. x＝int(Rnd * 90)＋10　　　　　　　　D. x＝round(Rnd * 90) * 10

【答案】 C。

【解析】 [m,n]区间的随机整数生成公式:Int(Rnd * (n−m＋1))＋m。此题中 m＝10,n＝99,将此两值代入公式,可得答案为选项 C。

(13) 语句 Print 5 \ 4 * 6 / 5 Mod 2 的输出结果是(　　　)。

　　　A. 0　　　　　　　　B. 1　　　　　　　　C. 2　　　　　　　　D. 3

【答案】 B。

【解析】 此语句中表达式涉及到了 4 个算术运算符,首先把握运算符的优先级,其次把握各运算符的运算规则。4 个算术运算符中乘(*)、除(/)的级别最高,所以先计算 4 * 6/5,结果为 4.8,表达式变为 5 \ 4.8 Mod 2;之后整除(\)运算的级别较高,但需注意整除运算要求左右两端的操作数是整数,如果不满足系统会自动按四舍五入的原则进行取整,所以表达式相当于 5 \ 5 Mod 2,整除操作结果为 1,表达式变为 1 Mod 2;最后完成取余数(Mod)运算,所以本题答案是选项 B。关于 VB 运算符的优先级如表 2-4 所示。

表 2-4 运算符的优先级

类　别	运　算　符	含　　义	优　先　级
算术运算符	^	幂运算	1
	—	负号	2
	*，/	乘除	3
	\	整除	4
	Mod	取余	5
	＋，—	加减	6
字符串运算符	&，＋	字符串连接	7
关系运算符	＝，＞，＜，＞＝，＜＝，＜＞	等于、大于、小于、大于等于、小于等于、不等于	8
逻辑运算符	Not	非	9
	And	与	10
	Or，Xor	或、异或	11
	Eqv	等价	12
	Imp	蕴含	13
赋值运算符	＝	赋值	14

(14) 将数学表达式 $\sin^2(a+b)+6e^2$ 写成 VB 的表达式,其正确的形式是(　　)。

A. sin(a+b)^2+6 * exp(2)　　　　　　B. sin^2 (a+b) +6 * exp(2)

C. sin(a+b)^2+6 * Ln(2)　　　　　　D. sin^2 (a+b) +6 * Ln(2)

【答案】 A。

【解析】 $\sin^2(a+b)$写成 VB 表达式可利用幂运算符(^),幂运算符的左侧是底,右侧是幂次,所以应为 sin(a+b)^2,而数学中的 e 的若干次幂,在 VB 中用 exp 函数表示,所以答案应为选项 A。

(15) 如果 x 是一个正实数,对 x 的第二位小数四舍五入的表达式是(　　)。

A. 0.1 * Int(x+0.05)　　　　　　B. 0.1 * Int(10 * (x+0.05))

C. 0.1 * Int(100 * x+0.5)　　　　　　D. 0.1 * Int(x+0.5)

【答案】 B。

【解析】 若要对某数的第二位小数进行四舍五入,即保留一位小数,而 Int 是取整函数,所以利用 Int 函数保留一位小数操作就要使用 0.1 * Int(10 * x),可是 Int 取整时会舍弃小数部分,不进行四舍五入,所以在保留一位小数之前,须人为进行四舍五入的操作,即对第二位小数进行处理,也就是令 x+0.05,所以本题答案是选项 B。思考,如果 x 是一个正实数,对 x 的第三位小数四舍五入的表达式是什么?

(16) 下列程序运行时,单击窗体时窗体上显示的结果是(　　)。

```
Private Sub Form_Click()
    a = 25: b = -45
    i = Not a = b
    Print i
End Sub
```

A. —45　　　　　　B. True　　　　　　C. —1　　　　　　D. 不能输出

【答案】　B。

【解析】　VB允许变量不被声明就可以直接使用,此时变量被默认为Variant类型的过程级变量,那么赋值给此种变量什么类型的值,在内存中就存储什么值。本题中a,b,i三个变量都是Variant类型,a中存储数值25,b中存储数值-45,而逻辑表达式Not a = b的结果是True,所以i中存储True,因而此题答案为选项B。思考,此题程序若改为:

```
Private Sub Form_Click()
    Dim a%, b%, i%
    a = 25: b = - 45
    i = Not a = b
    Print i
End Sub
```

那么,答案应该是什么?

(17) 为了给x,y,z三个变量赋初值1,下面正确的语句是(　　)。

  A. x = 1:y = 1:z = 1　　　　　　　　B. x = 1,y = 1,z = 1

  C. x = y = z = 1　　　　　　　　　　D. xyz = 1

【答案】　A。

【解析】　VB中为三个变量赋值,需使用三条语句完成,多条语句要书写在同一行时应用“:”分隔。所以选项A正确。选项B不符合语法规则,不能独立成为语句。选项C语法没有错误,但有逻辑错误,只有最左边的是赋值号,其余两个是关系运算符,相当于只给x赋值,而不会改变y和z的值。选项D中的xyz相当于是一个新的变量,而不是三个变量x,y,z。

(18) 下列哪组语句可以将变量X和Y的值互换?(　　)

  A. X=Y:Y=X　　　　　　　　　　B. T=X:Y=X:X=T

  C. T=Y:Y=X:X=T　　　　　　　　D. X=T:T=X:Y=T

【答案】　C。

【解析】　利用互换算法,要注意语句的书写次序。

(19) 下列(　　)能正确实现交换a和b。

  A. a=b:c=a:b=c　　　　　　　　B. a=b:b=a

  C. a=c:a=b:b=c　　　　　　　　D. a=a+b:b=a-b:a=a-b

【答案】　D。

【解析】　对于数值型的数据交换,也可以使用选项D的语句完成,注意顺序语句执行次序,以及每条语句执行完成后变量值的变化。

(20) 以下为命令按钮单击事件代码,代码执行结果是(　　)。

```
Private  Sub  Command1_click()
    Dim x as boolean, a as integer
    x = - 2
    a = true
    Print x, a
End  Sub
```

  A. -2　　　　　　-1　　　　　　　　B. -2　　　　　　true

  C. true　　　　　-1　　　　　　　　D. false　　　　　0

【答案】 C。

【解析】 变量被定义成什么类型,输出时就是什么类型的数据,如题中的 x 定义成逻辑型,那么输出时的值只能是 True 或 False,而 a 被定义成整型,那么输出时 a 的值只能是整数。此题中涉及到赋值相容问题,语句 x=-2,x 是逻辑型,那么系统自动将数值型数据转换成逻辑型,转换原则是:(数值型)非 0 转换成(逻辑型)True;(数值型)0 转换成(逻辑型)False。语句 a=True,a 是整型,那么系统自动将逻辑型转换成数值型,转换原则是:(逻辑型)True 转换成(数值型)-1;(逻辑型)False 转换成(数值型)0。

(21) 下面程序执行的结果是( )。

```
Dim x As Integer, y As Integer, z As Integer
x = 3
y = 4
z = Not x = y
Print x; y; z
```

A. 3 4 0   B. 3 4 False   C. 3 4 True   D. 3 4 -1

【答案】 D。

【解析】 同上题。思考:如果第 4 条语句改为 z=x=y,结果应该选择什么?注意语句只有最左边的"="号是赋值号,其他的均为关系运算符的等于,因为 x 与 y 不相等,所以,当语句改为 z=x=y 时,结果应选 A。

(22) MsgBox()函数是用来( )。

    A. 提供一个具有简单提示或选择信息的提示框

    B. 往当前工程中添加一个窗体

    C. 提供一个具有简单输入信息的对话框

    D. 删除当前工程中的一个窗体

【答案】 A。

【解析】 掌握函数应把握三部分:功能、返回值及参数。

(23) Msgbox "确实要退出么?",4+32+256,"关闭窗口" 语句执行后,提示信息是( )。

    A. 确实要退出么?   B. 4+32+256

    C. 关闭窗口   D. 标题没有显示内容

【答案】 A。

【解析】 MsgBox 函数的前三个参数:第一个为信息框的提示信息;第二个设定对话框的类型;见表 2-3;第三个为信息框的标题。所以本题选项 A 正确。

(24) 在窗体上画一个命令按钮,名称为 Command1。单击该命令按钮时,执行如下事件过程:

```
Private Sub Command1_click()
Dim a As string,b As string,c As string
a = "software and hardware"
b = Right(a, 8)
c = Mid(a, 1, 8)
MsgBox b, , c
```

```
End Sub
```

则在弹出的信息框的标题栏中显示的信息是(　　)。

　　A. software and hardware　　　　　　　B. software

　　C. hardware　　　　　　　　　　　　　D. 0

【答案】　B。

【解析】　首先应掌握 Right 与 Mid 两个函数的功能,关于 MsgBox 函数的参数解释同上题。变量 b 的值为 hardware,变量 c 的值为 software,本题问信息框的标题栏,而变量 c 是 MsgBox 的第三个参数,所以答案为选项 B。

(25) 执行如下语句:

```
a = Inputbox("today", "tomorrow", "yesterday",0,0)
```

将显示一个输入对话框,在对话框的输入框中显示的信息是(　　)。

　　A. today　　　　　　B. tomorrow　　　　　　C. yesterday　　　　D. 0

【答案】　C。

【解析】　Inputbox 函数的功能是产生输入对话框,返回值是输入的字符串。参数:第一个为提示信息;第二个为输入框标题;第三个为输入框默认值;第四和第五个为输入对话框出现的坐标值。所以选项 C 正确。

2. 改错

程序的功能是:在窗体上设置一个控制按钮 Command1、一个文本框 Text1 和一个标签 Label1。在文本框中输入圆的半径 R,单击命令按钮,计算圆的面积,并在标签中显示出来,π 的值为 3.14159。程序中有两处错误,均在 found 下面,写出改后的语句。

程序如下:

```
Private Sub Command1_Click()
Dim R As single, s As single
R = Val(Text1.Text)
'*************** FOUND *******************
s = πr * 2
'*************** FOUND *******************
Label1.Text = Str(S)
End Sub
```

【答案】　(1) s＝3.14159 * r^2　　　(2) Label1. Caption＝Str(s)

【解析】　(1)掌握 VB 表达式的书写规则,表达式中各成员间的运算符不能省略;VB 中没有 π,而应给出具体数值,或定义符号常量。(2)掌握常用内部控件的常用属性,利用标签显示信息,应设置 Caption 属性,标签没有 Text 属性。

实验 三

选择结构程序设计

一、实验目的

(1) 掌握选择结构程序设计方法。

(2) 掌握 If…Then(单分支控制语句)、If…Then…Else(双分支控制语句),两种控制语句的单行书写格式、块结构书写格式。

(3) 掌握 IIF 函数的使用。

(4) 掌握 Select case(多分支控制语句)。

二、实验内容与操作指导

说明:在 E 盘下建立自己的学号文件夹,将完成以下题目的相关文件均存放到此文件夹下,文件名自定。

1. 编写程序,掌握 If…Then…Else 语句的单行控制格式与块结构控制格式;掌握窗体的 Unload 事件;掌握 Unload 语句。巩固数据输入与数据输出对应函数的使用。

【要求】 新建工程,在窗体上添加一个命令按钮,Caption 属性设置为"退出"。程序功能是,当单击窗体时,弹出输入对话框,要求输入一个整数,并对输入的数据进行奇偶判断,将判断的结果用信息框输出。当单击"退出"按钮或窗体的"关闭"按钮(窗体右上角的×)时,弹出信息对话框,进行退出确认,单击"确定"按钮,则结束程序运行;单击"取消"按钮,则继续程序的运行。执行效果如图 3-1 所示。

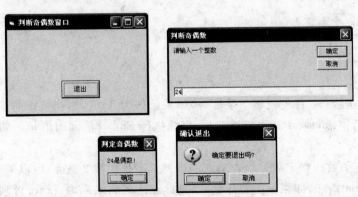

图 3-1　题目 1 执行效果图

【操作过程】

（1）新建工程。

（2）在窗体上添加命令按钮，并按题目要求进行属性设置。

（3）代码设计。参考程序如下：

```
Option Explicit
Private Sub Command1_Click()
    Unload Me
End Sub
Private Sub Form_Click()
    Dim x As Integer
    x = Val(InputBox("请输入一个整数", "判断奇偶数", 0))
    If x Mod 2 = 0 Then
        MsgBox x & "是偶数!", , , "判定奇偶数"
    Else
        MsgBox x & "是奇数!", , , "判定奇偶数"
    End If
End Sub
Private Sub Form_Unload(Cancel As Integer)
    Dim x As Integer
    x = MsgBox("确定要退出吗?", vbOKCancel + vbQuestion, "确认退出")
    If x <> vbOK Then Cancel = 1 Else Cancel = 0
End Sub
Private Sub Form_Load()
    Form1.Left = (Screen.Width - Form1.Width) / 2
    Form1.Top = (Screen.Height - Form1.Height) / 2
End Sub
```

【代码说明】

① 首先完成窗体的 Click 事件处理过程的代码编写，其中输入数据使用 InputBox 函数，输出结果使用 MsgBox 函数。输入的整数如果是奇数，则用信息框输出它为奇数的相关信息，如果是偶数，则用信息框输出它为偶数的相关信息，典型的分支结构，应使用条件语句控制，由于 MsgBox 语句较长，最好使用块结构的条件语句，格式如下：

```
If <条件> Then
    <语句块 1>
[Else
    <语句块 2>]
End If
```

此语句的功能是：首先判断<条件>，如果条件为 True，则执行语句块 1，否则执行语句块 2；当执行完语句块 1 或语句块 2 后，继续执行 End If 后面的语句。如果是单分支，则省略 Else 部分。

本题中，奇偶数的判定就是检查输入的数据是不是能被 2 整除，所以<条件>可使用关系表达式 x Mod 2＝0，如果 x 的值是偶数，则此表达式的结果为 True，否则为 False。从而扩展为判定一个数是否能被 n（除了 0 以外的整数）整除，均可使用表达式：x Mod n＝0，思考，利用所学过的运算符还可以怎样写此条件表达式？

② 其次完成"退出"按钮 Click 事件处理过程的代码编写。结束程序运行语句在实验二中已经介绍过，是 End 语句。但本题要求，根据用户单击信息框上的"确定"还是"取消"按钮，决定此语句是否执行，那么系统如何知道用户单击的是哪一个按钮呢？这就需要利用 MsgBox 的函数调用形式，通过判断它的返回值从而决定程序的执行方向。关于 MsgBox 函数的返回值如表 3-1 所示。

表 3-1   MsgBox 函数返回值

返回值的符号常量	返 回 值	操 作 说 明
vbOK	1	选择了"确定"按钮
vbCancel	2	选择了"取消"按钮
VbAbort	3	选择了"终止"按钮
VbRetry	4	选择了"重试"按钮
vbIgnore	5	选择了"忽略"按钮
vbYes	6	选择了"是"按钮
vbNo	7	选择了"否"按钮

利用以下语句：

```
x = MsgBox("确定要退出吗?", vbOKCancel + vbQuestion, "确认退出")
```

产生具有"确定"和"取消"按钮的信息框（关于对话框类型参数参看表 2-3），那么，x 的值就是 MsgBox 函数的返回值，为 1(vbOK)或 2(vbCancel)，只有 x 的值为 1 才会结束程序运行。此控制可利用单行条件语句：

```
If x = vbOK Then End
```

因而，"退出"按钮的 Click 事件处理过程代码可以编写为：

```
Private Sub Command1_Click()
    Dim x As Integer
    x = MsgBox("确定要退出吗?", vbOKCancel + vbQuestion, "确认退出")
    If x = vbOK Then End
End Sub
```

③ 最后编写窗体的 UnLoad(卸载)事件处理过程。题目要求单击窗体右上角的"关闭"按钮时要产生信息框，根据用户选择单击的按钮决定是否结束程序运行(此部分与"退出"按钮中的信息框相同)。当单击窗体右上角的"关闭"按钮时会触发窗体的 UnLoad 事件，框架如下：

```
Private Sub Form_Unload(Cancel As Integer)
End Sub
```

注意其中的参数 Cancel 是控制变量，当 Cancel 的值为 0 时卸载窗体，当 Cancel 的值为非 0 时窗体不被关闭。所以只要在此事件处理过程中根据条件控制 Cancel 的值即可。

④ 此外，UnLoad 语句也可以触发窗体的 UnLoad 事件，既然 UnLoad 事件处理过程已经编写好，那么就可以充分地利用它。因而，"退出"按钮的 Click 事件处理过程中的代码可

以简写为：

UnLoad Me

其含义是从内存中卸载当前窗体，该语句执行时触发前面说明的 UnLoad 事件。注意：如果当前程序中只加载着一个窗体，此语句相当于结束程序运行。

如果要从内存中卸载某个指定的窗体或控件，则可利用语句：

UnLoad 对象名

⑤ 窗体的 Load 事件处理过程中的语句，用于设置窗体的位置，令窗体在屏幕的中心显示。其中 Screen 是屏幕的对象名。

（4）运行程序，并在参考代码的基础上，结合所学替换语句，只要能达到题目要求即可。

（5）保存文件，各文件名自定。

2. 在题目 1 的基础上继续编写程序，掌握多窗体程序设计相关内容，掌握窗体的 Hide 与 Show 方法。继续巩固条件语句 If…Then…Else 的使用。

【要求】　在题目 1 的工程中添加一个窗体 Form2，在 Form2 窗体上添加一个标签，Caption 属性设置为"请输入密码"，字体和颜色等属性自定；添加一个文本框，Text 属性设置为空，PasswordChar 属性设置为"＊"；添加两个命令按钮，Caption 属性分别为"确定"与"退出"。工程属性设置 Form2 为启动窗体，程序运行后，在 Form2 窗体的文本框中输入密码（密码假定为"123"），当单击"确定"按钮后，进行密码判断，如果是"123"则隐藏 Form2 窗体，显示 Form1 窗体，进行判断奇偶数操作；如果密码错误，则用信息框输出"密码错误，请重新输入！"，重新输入密码；当单击"退出"按钮时，结束程序运行。程序执行效果如图 3-2 所示。

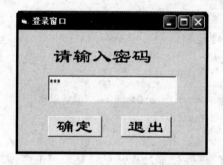

图 3-2　题目 2 执行效果图

【操作过程】

（1）打开题目 1 的工程，添加新窗体，并设置启动对象。在工程资源管理器窗口的空白区域单击鼠标右键，在弹出的快捷菜单中选择"添加"并在其级联菜单中选择"添加窗体"命令，此时会出现如图 3-3 所示的"添加窗体"对话框，单击"打开"按钮，则会在当前工程中添加一个新窗体，默认窗体名为 Form2。之后，再次在工程资源管理器窗口中单击鼠标右键，在弹出的快捷菜单中选择"工程 属性…"命令，会出现如图 3-4 所示的"工程属性"对话框，在"通用"选项卡的"启动对象"下拉列表中选择 Form2，单击"确定"按钮。

（2）在窗体 Form2 上按题目要求添加控件，并设置相关属性。

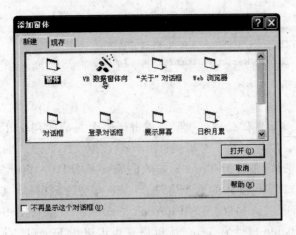

图 3-3　"添加窗体"对话框

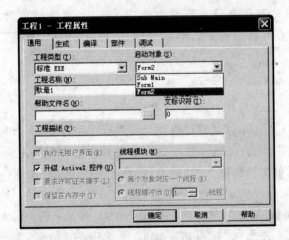

图 3-4　"工程属性"对话框

(3) 编写代码。Form1 模块代码同题目 1,Form2 模块代码参考如下:

```
Option Explicit
Private Sub Command1_Click()
    Dim pword As String
    pword = Text1.Text
    If pword = "123" Then
        Form2.Hide
        Form1.Show
    Else
        MsgBox "密码错误,请重新输入",,"错误"
        Text1.SetFocus
        Text1.SelStart = 0
        Text1.SelLength = Len(Text1.Text)
    End If
End Sub
Private Sub Command2_Click()
    End
```

```
End Sub
Private Sub Form_Load()
    Form2.Left = (Screen.Width - Form2.Width) / 2
    Form2.Top = (Screen.Height - Form2.Height) / 2
End Sub
```

【代码说明】

① "确定"按钮 Click 事件处理过程要完成密码是否正确的判断,因而要使用条件控制语句 If…Then…Else。利用一个字符串变量 pword 读取文本框输入的密码,以关系表达式 pword = "123"作为条件,条件为 True(即输入的密码是"123"),则令窗体 Form2 隐藏、窗体 Form1 显示,此时涉及到窗体的两个方法:Hide 方法隐藏窗体(实际上设置该窗体的 Visible 属性为 False,所以语句也可以用 Form2.Visible=False);Show 方法显示窗体(实际上设置该窗体的 Visible 属性为 True,所以语句也可以用 Form1.Visible=True)。如果条件为 False(即输入的密码不是"123"),则生成信息框进行错误提示,确定之后回到 Form2 窗体重新输入密码,同时令焦点设置到文本框 Text1 中,之后使用到文本框的两个属性:SelStart 设置插入点;SelLength 设置选取字符的个数,具体语句为:

```
Text1.SelStart = 0
Text1.SelLength = Len(Text1.Text)
```

相当于令文本框自动进入改写状态,从而使界面更友好。

② "退出"按钮的 Click 事件处理过程要求结束程序运行,使用 End 语句即可。

(4) 运行程序,验证功能。注意,当在 Form2 窗体中输入正确密码,进入到 Form1 窗体进行奇偶数判断,随后单击该窗体上的"退出"或右上角的"关闭"按钮,确认退出后会发现关闭了窗体但并没有结束程序的运行,这是因为此程序中有两个窗体,只有 Form1 被卸载了,但 Form2 还存在,只是被隐藏了,从中也可看出 Form1 模块中的:UnLoad Me 语句与 End 语句的区别之处。为解决此问题,可将 Form2 模块中的 Form2.Hide 语句改为 Unload Form2 语句,从内存中卸载 Form2 即可。

(5) 保存文件,窗体 Form1 存为 t21.frm,窗体 Form2 存为 t22.frm,工程文件存为 t2.vbp。

3. 编写程序,掌握多分支条件控制语句 Select Case 的使用,理解键盘事件的处理机制。

【要求】 新建工程,设计一个简易的计算器程序。界面要求如图 3-5 所示。程序运行后,在第 1 个和第 3 个文本框中输入数据,在第 2 个文本框中输入算术运算符号(+、-、*、/),单击"计算"按钮时根据所输入的运算符号进行相应运算,并将结果显示在第 4 个文本框中,如果在第 2 个文本框中输入的不是四则运算之一的符号,则弹出信息框提示,并要求重新输入运算符,此时第 4 个文本框不显示任何数据;单击"清除"按钮则将 4 个文本框清空;单击"退出"按钮进行退出确认的信息框显示,确认后方可结束程序运行。此外,为前三个文本框加入键盘事件,当在第 1 个文本框中单击 Enter 键时,焦点转移到第 2 个文本框,当在第 2 个文本框中单击 Enter 键时,焦点转移到第 3 个文本框,当在第 3 个文本框中单击 Enter 键时,焦点转移到"计算"按钮上。

【操作过程】

(1) 新建工程,在窗体 Form1 上,依据图 3-5 添加各控件,并进行相关属性设置。

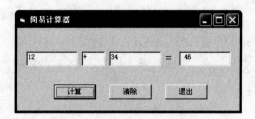

图 3-5　题目 3 执行效果图

（2）为 3 个按钮及 3 个文本框进行相关事件过程的代码编写。参考代码如下：

```
Option Explicit
Private Sub Command1_Click()
    Dim x As Single, y As Single, z As Single
    Dim op As String
    x = Val(Text1.Text)
    y = Val(Text3.Text)
    op = Text2.Text
    Select Case op
        Case " + "
            z = x + y
        Case " - "
            z = x - y
        Case " * "
            z = x * y
        Case "/"
            z = x / y
        Case Else
            MsgBox "错误的运算符号( + 、- 、* 、/),请重新输入!"
            Text4.Text = ""
            Exit Sub
    End Select
    Text4.Text = Str(z)
End Sub
Private Sub Command2_Click()
    Text1.Text = ""
    Text2.Text = ""
    Text3.Text = ""
    Text4.Text = ""
End Sub
Private Sub Command3_Click()
    Unload Me
End Sub
Private Sub Form_Unload(Cancel As Integer)
    Dim x As Integer
    x = MsgBox("确定要退出吗?", vbOKCancel, "确认")
    If x = vbOK Then
        Cancel = 0
    Else
        Cancel = 1
```

```
        End If
    End Sub
Private Sub Text1_KeyPress(KeyAscii As Integer)
    If KeyAscii = 13 Then
        Text2.SetFocus
        Text2.SelStart = 0
        Text2.SelLength = Len(Text2.Text)
    End If
End Sub
Private Sub Text2_KeyPress(KeyAscii As Integer)
    If KeyAscii = 13 Then
        Text3.SetFocus
        Text3.SelStart = 0
        Text3.SelLength = Len(Text2.Text)
    End If
End Sub
Private Sub Text3_KeyPress(KeyAscii As Integer)
    If KeyAscii = 13 Then Command1.SetFocus
End Sub
```

【代码说明】

① 程序的最主要功能集中在"计算"按钮的 Click 事件处理过程。代码的设计把握三个部分：数据输入、数据处理、数据输出。由变量 x,y 保存文本框输入的数据值，由变量 op 保存文本框输入的运算符号；数据处理部分就是根据不同的 op 值进行不同的运算，并将结果存入变量 z 中；最后将结果由文本框输出。

op 的值会有 5 种情况："+"、"−"、"∗"、"/"及其他。可以使用多条 IF…Then 语句控制，但最好选用多分支控制语句 Select Case 完成，该语句的语法格式如下：

```
Select Case <测试表达式>
    Case <表达式列表 1>
        <语句块 1>
    [Case <表达式列表 2>
        <语句块 2>]
    …
    [Case<表达式列表 n>
        <语句块 n>]
    [Case Else
        <语句块 n+1>]
End Select
```

执行的过程是：先对"测试表达式"求值，然后顺序测试该值与哪个 Case 子句中的"表达式列表"的值相等，找到了则执行该 Case 分支后的语句块，如果没找到则执行 Case Else 后的语句块，然后执行 End Select 后面的语句。

为测试 op 的值，就以 op 作为"测试表达式"，每个 Case 子句后列出一种可能的 op 值，而每个 Case 分支的语句就解决对应的运算。如果 op 的值不是"+"、"−"、"∗"、"/"之一，那么就去执行 Case Else 分支的语句，因此在该分支中应完成弹出信息框进行错误提示，并结束当前过程，语句：Exit Sub 的功能是退出当前过程，在本题中即结束 Command1_Click()事件的处理过程,不会再执行 End Select 后面的语句。

② 为3个文本框加入键盘事件,设置回车时焦点进行转移。键盘事件有3个:KeyUp,KeyDown,KeyPress,此处最好选用 KeyPress。在文本框中单击键盘上的 Enter 键将焦点转移到下一个文本框,可使用代码:

```
Private Sub Text1_KeyPress(KeyAscii As Integer)
    If KeyAscii = 13 Then Text2.SetFocus
End Sub
```

此段代码表示,当在文本框 Text1 中单击键盘上的键时,就会触发 KeyPress 事件,当前按键的 ASCII 值保存在变量 KeyAscii 中,如果 KeyAscii 的值是13(Enter 键的 ASCII 值),则另文本框 Text2 获取焦点。

(3) 运行程序,验证功能。

(4) 保存文件,文件名自定。

4. 编写程序,熟练掌握 If…Then…Else 语句、IIF 函数、Select Case 语句的使用。

【要求】 新建工程,界面如图 3-6 所示。程序执行后,在相应文本框中输入年份、月份值,单击"按钮"可判断该年是否为闰年、该年该月有多少天(闰年的条件是年份能被 4 整除但不能被 100 整除,或者能被 400 整除),结果用信息框输出;单击清除按钮时,清空文本框的显示,并将焦点设置到第一个文本框。

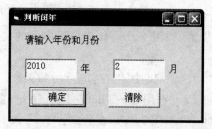

图 3-6 题目4执行效果图

【操作过程】

(1) 新建工程,按照图 3-6 在窗体上添加控件,并设置相关属性。

(2) 为两个按钮编写 Click 事件处理过程。参考代码如下:

```
Option Explicit
Private Sub Command1_Click()
    Dim nian As Integer, yue As Integer, tian As Integer
    Dim leap As Boolean
    nian = Val(Text1.Text)
    yue = Val(Text2.Text)
    If yue <= 0 Or yue > 12 Then
        MsgBox "请输入正确的月份!", , "月份错误"
        Exit Sub
    End If
    If nian Mod 4 = 0 And nian Mod 100 <> 0 Or nian Mod 4 = 0 Then
        leap = True
    Else
```

```
            leap = False
        End If
        Select Case yue
            Case 1, 3, 5, 7, 8, 10, 12
                tian = 31
            Case 4, 6, 9, 11
                tian = 30
            Case 2
                tian = IIf(leap, 29, 28)
        End Select
        MsgBox nian & IIf(leap, "是闰年", "不是闰年") & Chr(13) & _
                yue & "月有" & tian & "天", , "天数输出"
End Sub
Private Sub Command2_Click()
    Text1.Text = ""
    Text2.Text = ""
    Text1.SetFocus
End Sub
```

【代码说明】

只说明"确定"按钮的 Click 事件处理过程。按程序设计的基本思路分为以下几点：

① 该过程需要定义 4 个变量：年份（nian）、月份（yue）、天数（tian），这 3 个变量应为整型；还有一个变量（leap）用于记录是否为闰年，应为逻辑型。

② 首先输入数据，输入年份、月份值，利用 Val 函数将字符串型的文本框数据转换为数值型。

③ 其次进行数据处理，完成两个功能：判断闰年、判定月份的天数。

判断是否为闰年是双分支形式，所以可利用 If…Then…Else 语句，条件是：年份能被 4 整除但不能被 100 整除，或者能被 400 整除，写为 VB 表达式：

```
nian Mod 4 = 0 And nian Mod 100 <> 0 Or nian Mod 4 = 0
```

如果此表达式的值为 True，则令 leap＝True，表示该年是闰年；否则令 leap＝False，表示该年不是闰年。

判断天数，会有 3 种情况，1,3,5,7,8,10,12 月有 31 天；4,6,9,11 月有 30 天；2 月较特殊，有两种情况，闰年 2 月有 29 天，非闰年 2 月有 28 天。是多分支形式，最好选用 Select Case 语句，以代表月份的变量值作为该语句的测试表达式，测试其值是上面 3 种情况的哪一种，从而确定该月的天数。而对于 2 月天数的确定，利用前面判断闰年的结果，利用双分支语句控制：

```
If leap then
    tian = 29
Else
    tian = 28
End if
```

对于此种结构的语句，根据条件的真或假为同一变量赋不同的值，利用 IIf 函数会更方便。IIf 函数的功能：可以用来执行简单的条件判断操作，能够用"If…Then…Else"结构的语句描述；IIF 的函数格式：IIF(条件,值1,值2)；IIF 函数的返回值：当条件为 True 时返回值为值1，当条件为 False 时的返回值为值2。所以上面的 If…Then…Else 结构就可以简写为：

```
tian = IIf(leap, 29, 28)
```

④ 最后进行结果输出。使用 MsgBox 生成信息框进行结果输出，语句为：

```
MsgBox nian & IIf(leap, "是闰年", "不是闰年") & Chr(13) & _
        yue & "月有" & tian & "天", , "天数输出"
```

注意如何将变量、常量、函数的返回值等成分连接成一个字符串。其中 Chr(13) 是"回车"字符，将字符串以两行形式在信息框中显示；"_"是续行符，语句太长可书写为两行，使用的方法是先输入一个空格，再输入"_"，续行符后面不要有任何字符，语句的剩余部分写到下一行。

（3）运行程序，验证功能。

（4）保存文件，文件名自定。

三、选做题（提高）

选做以下题目，进一步熟练掌握选择控制语句，理解选择语句的嵌套应用。

1. 在实验内容与操作指导题目2的基础上进行程序修改。要求：在窗体 Form2 的文本框中输入密码，如果连续三次错误，则弹出信息框进行提示"连续三次输入错误密码，无权使用系统！"，并结束程序运行。其他要求不变。

【提示】

（1）定义一个模块级变量，用于记录输入错误密码的次数。

（2）利用嵌套的条件语句进行控制：

```
If <条件 1> Then
    语句块
Else
    记录输入错误密码的次数
    If <错误密码的次数 = 3> then
        语句块
    Else
        语句块
    End If
End If
```

2. 执行实验内容与操作指导题目3所给程序，输入如图 3-7 左图所示的数据即进行除数为0的除法运算，当单击"计算"按钮后，会弹出如图 3-7 右图所示的"除数为零"实时错误对话框，影响程序的正常运行。现要求在实验内容与操作指导题目3的基础上完善程序，使程序能够进行除数为0的检测与控制，当除数为0单击"计算"按钮后，会弹出信息框提示，如图 3-8 所示，结束本次计算，要求重新输入，保证程序的正常运行。其他要求不变。

图 3-7   实验内容题目 3"除数为 0"错误

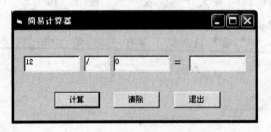

图 3-8   完善实验内容题目 3 程序后执行效果图

【提示】

使用 Select Case 与 If…Then…Else 语句的嵌套结构,在 Case "/"分支中进行除数是否为 0 的判断,若除数为 0,则产生信息框进行提示,并退出过程;否则进行除法计算。

3. 设计程序,要求输入一个百分制成绩,输出对应的 A,B,C,D,E 等级(90 及 90 以上为 A,80-89 为 B,70-79 为 C,60-69 为 D,60 以下为 E)。

要求:界面、输入输出方式自定,使用 If…Then…Else 和 Select Case 两种写法。

【提示】   由于 If…Then…Else 多层条件语句嵌套容易造成程序冗长,难以确定配对关系,给编写造成困难,也降低了程序的可读性。所以可使用 VB 提供的带 ElseIf 的条件语句。格式为:

```
If <条件 1> Then
    <语句块 1>
ElseIf <条件 2> Then
    <语句块 2>
ElseIf <条件 3> Then
    <语句块 3>
    …
[Else
    <语句块 n>]
End If
```

4. 编写一个计算个人所得税的程序,界面如图 3-9 所示。个人所得税的计算公式为:(税前工资-1600)×税率=个人所得税税额。税率如表 3-2 所示。假设某人税前工资为3800 元,应该纳税部分=3800-1600=2200,属于第 3 级,纳税 2200×15%-125=205 元。则税后工资为 3595 元。

表 3-2　个人所得税税率

级数	含税级距	税率（%）	速算扣除数
1	不超过 500 元的	5	0
2	超过 500 元至 2000 元的部分	10	25
3	超过 2000 元至 5000 元的部分	15	125
4	超过 5000 元至 20 000 元的部分	20	375
5	超过 20 000 元至 40 000 元的部分	25	1375
6	超过 40 000 元至 60 000 元的部分	30	3375
7	超过 60 000 元至 80 000 元的部分	35	6375
8	超过 80 000 元至 100 000 元的部分	40	10 375
9	超过 100 000 元的部分	45	15 375

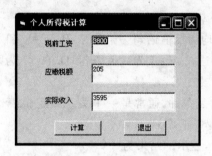

图 3-9　"个人所得税计算"窗口

四、常见错误提示

1. 关系表达式书写错误，在 VB 没有造成语法错误而形成逻辑错误

在 If…Then…Else 语句中根据条件决定程序的执行路线，条件通常是一个关系或逻辑表达式，一定要按 VB 的语法规则来书写表达式。例如，对于数学表达式 $3 \leqslant x < 10$，在 VB 中应写为 x>=3 And x<10。但如果写成 $3 <= x < 10$，不会有语法错误，但有逻辑错误，问题在于 VB 中的逻辑值与数值可互转。假设当前 x 的值是 15，并没有在[3,10]区间中，表达式 x>=3 And x<10 运算结果为 False；但对于 $3 <= x < 10$，先进行 $3 <= x$ 的运算，结果为 True，逻辑值 True 要转换成数值 −1 之后组成表达式 −1<10，此时结果为 True。

2. 在选择结构中缺少配对的结束语句

对多行式的 If 块语句中，应有配对的 End If 语句结束。

3. Select Case 语句使用错误：Select Case 后出现多个变量、Case 子句后出现变量及逻辑运算符

例如有错误语句如下：

```
Select Case x1,x2,x3
    Case (x1 + x2 + x3) / 3 >= 95
```

```
        Print "优秀"
      Case x1 = 100 And x2 = 100
    …
End Select
```

错误的原因在于：Select Case 后的测试表达式中只能有一个变量；Case 后的表达式不能有变量，也不能有语句规定之外的运算符(如逻辑运算符)。

五、练习题与解析

选择题

(1) 语句 If x＝1 Then y＝1,下列说法正确的是(　　)。

　　A. x＝1 和 y＝1 均为赋值语句　　　　B. x＝1 和 y＝1 均为关系表达式

　　C. x＝1 为关系表达式,y＝1 为赋值语句　D. x＝1 为赋值语句,y＝1 为关系表达

【答案】　C。

【解析】　If 后面需要的是条件,通常是一个关系或逻辑表达式,Then 后面应该是单独语句或语句序列。所以选项 C 正确。

(2) 运行下列程序段后,显示的结果为(　　)。

```
J1 = -7
J2 = -8
If J1 < J2 Then Print J2;
Print J1
```

　　A. −7　　　　　　　B. −8　　　　　　　C. −7　−8　　　　　　D. −8　−7

【答案】　A。

【解析】　If…Then 语句的运行原理是当条件满足,则执行 Then 后的语句,否则不执行。当 If…Then 执行完后,继续执行此结构后面的语句。本题中 J1＜J2 条件为 False,所以不会执行 Print J2;语句,所以选项 A 正确。思考,如果条件 J1＜J2 改为 J1＞J2,那么应该选择哪个选项?

(3) 用来标记 Select Case 语句模块结束的语句是(　　)。

　　A. End Select　　B. End case　　　　C. End Selected　　　　D. End if

【答案】　A。

【解析】　正确掌握 Select Case 语句结构。

(4) 以下 Case 语句中错误的是(　　)。

　　A. Case Is＞10 And Is＜50　　　　　　B. Case Is＞10

　　C. Case 0 To 10　　　　　　　　　　　D. Case 3,5,Is＞10

【答案】　A。

【解析】　Case 后的表达式不能有变量,也不能有语句规定外的运算符(如逻辑运算符),可以是以下 3 种形式之一:①可以是由逗号分隔的枚举值;②表达式 1 To 表达式 2,表示一个数值范围;③Is 关键字与比较运算符相结合,也表示一个数值范围。3 种形式可

以混合使用。选项 A 使用了逻辑运算符 And,所以错误。

（5）Select Case 语句结构中,Case ＜表达式列表＞不可以是下列的哪一个?（　　）

    A. Case 2,4,6,11　　　　　　　　　　B. Case 60 To 100

    C. Case Is＜ 60　　　　　　　　　　　D. Case x＞0 and x＜60

【答案】 D。

【解析】 说明同上题。选项 D 既使用了逻辑运算符 And,又出现了变量,所以错误。

（6）下列表达分段函数 $y=1+x$（当 $x \geqslant 0$ 时）；$y=2x$（当 $x＜0$ 时）错误的是哪一个?（　　）

    A. $y=IIf(x>=0,1+x,2*x)$

    B. If $x>=0$ Then $y=1+x$ Else $y=2*x$

    C. Select Case x

       Case Is$>=0$

          $y=1+x$

       Case Else

          $y=2*x$

       End Select

    D. If $x>=0$ Then

          $y=1+x$

       Else $y=2*x$

【答案】 D。

【解析】 表达分段函数,可以有多种形式:①利用 IIf 函数,最简便;②利用 If…Then…Else 的单行形式;③利用 If…Then…Else 的块结构形式;④利用 Select Case 语句。选项 D 错在没有正确使用 If…Then…Else 的块结构形式,Else 与其后的语句不能直接写在同一行,而漏掉了 End If。

（7）在窗体上画一个名称为 Command1 的命令按钮,然后编写如下事件过程:

```
Private Sub Command1_Click()
    x = Val(InputBox("Input"))
    Select Case x
    Case 1 to 3
        Print "分支 1"
    Case Is >= 3
        Print "分支 2"
    Case Else
        Print "Else 分支 "
    End Select
End Sub
```

程序运行后,如果在输入对话框中输入 3,则窗体上显示的是（　　）。

    A. 分支 1　　　　B. 分支 2　　　　C. Else 分支　　　　D. 程序出错

【答案】 A。

【解析】 若在多个 Case 子句中有同一种取值重复出现,则只执行第一个出现此取值的 Case 分支后的相应语句块。程序运行后,如果在输入对话框中输入 3,即 x 的值为 3,表达式 1 to 3 与 Is≥＝3 都包括 3,但只执行第一个有 3 取值的 Case 分支,即执行 Print "分支 1",之后去执行 End Select 后面的语句。所以选项 A 正确。

(8) 在窗体上画一个名称为 Command1 的命令按钮,然后编写如下事件过程:

```
Private Sub Command1_Click()
x = InputBox("Input")
Select Case x
    Case 1,3
        Print "分支 1"
    Case Is > 4
        Print "分支 2"
    Case Else
        Print "Else 分支 "
End Select
End Sub
```

程序运行后,如果在输入对话框中输入 2,则窗体上显示的是(　　)。

A. 分支 1　　　　　B. 分支 2　　　　　C. Else 分支　　　　　D. 程序出错

【答案】 C。

【解析】 Select Case 语句中,如果测试表达式的值不满足任何一个 Case 条件表达式,则执行 Case Else 后的语句。所以选项 C 正确。

(9) 当 x＝－5 时,下列语句执行后 y 的值是多少?(　　)

$$y = IIf(x > 0, x^2 + 1, x - 1)$$

A. 0　　　　　B. 26　　　　　C. －6　　　　　D. 4

【答案】 C。

【解析】 IIF 函数的格式:IIF(表达式,当表达式为 True(或数值非 0 值)时的值,当表达式为 False(或数值 0 值)时的值)。x 的值为－5,所以表达式 x＞0 的值为 False,那么 IIf 函数的返回值应该是 x－1 的值,即－6,所以选项 C 正确。

实验四

循环结构程序设计

一、实验目的

(1) 掌握循环的基本概念。

(2) 掌握 For…Next 循环。

(3) 掌握 Do…While/Until 循环和 Do While/ Until…Loop 循环，注意区分两种循环。

(4) 掌握如何利用循环条件来控制循环、防止死循环和不循环。

(5) 掌握退出循环结构的语句：Exit For；Exit Do。

(6) 理解多重循环控制，能够设计出较复杂的循环结构程序。

二、实验内容与操作指导

说明：在 E 盘下建立自己的学号文件夹，将完成以下题目的相关文件均存放到此文件夹下。

1. 编写程序，掌握循环的基本概念，理解循环结构的 4 个部分，掌握 For…Next 和 Do…loop 语句格式。

【要求】 新建工程，界面如图 4-1 所示。程序的功能是：当单击任一按钮时，生成输入框，要求输入一个数字 n，之后计算 n! 并在窗体上显示出来。但注意不同的按钮单击事件的处理过程分别使用 For…Next 、Do While/ Until…Loop，Do…While/Until 结构完成。

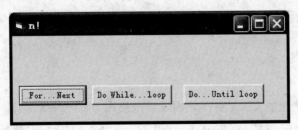

图 4-1 题目 1 界面图

【操作过程】

(1) 新建工程，按题目要求在窗体上添加控件，并进行相应属性设置。

(2) 代码编写，完成 3 个按钮的 Click 事件处理过程的程序设计，参考代码如下。

```
Option Explicit
Private Sub Command1_Click()
    Dim n As Integer, i As Integer
    Dim fact As Long
    Cls
    n = Val(InputBox("请输入 n:", "求 n!"))
    fact = 1
    For i = 1 To n
        fact = fact * i
    Next i
    Print n; "! = "; fact
End Sub
Private Sub Command2_Click()
    Dim n As Integer, i As Integer
    Dim fact As Long
    Cls
    n = Val(InputBox("请输入 n:", "求 n!"))
    fact = 1
    i = 1
    Do While i <= n
        fact = fact * i
        i = i + 1
    Loop
    Print n; "! = "; fact
End Sub
Private Sub Command3_Click()
    Dim n As Integer, i As Integer
    Dim fact As Long
    Cls
    n = Val(InputBox("请输入 n:", "求 n!"))
    fact = 1
    i = 1
    Do
        fact = fact * i
        i = i + 1
    Loop Until i > n
    Print n; "! = "; fact
End Sub
```

【代码说明】

① For…Next 按钮的 Click 事件处理过程应使用 For…Next 循环控制结构,此种结构适合于执行固定次数的循环,对运算 n! $=1\times2\times\cdots\times n$,即 n 个数的连乘法使用 For…Next 控制会最简便。For…Next 语句的格式如下:

```
For 循环变量 = 初值 To 终值 [Step 步长]
    [循环体]
Next [循环变量]
```

执行过程是:首先把"初值"赋给"循环变量",接着检查"循环变量"的值勤是否超过终值,如果超过就不执行"循环体",跳出循环,执行 Next 后面的语句;否则执行一次"循环体",然后把"循环变量＋步长"的值赋给"循环变量",重复上述过程。

为了进行 n!＝1×2×…×n 运算,令循环控制变量 i 由 1 向 n 变化,每次循环代表连乘式中的一个数值,进行 fact＝fact＊i 的计算,步长为 1,则连乘 n 次即可得到结果。注意,连乘法在循环之前应有为乘积变量赋初值的语句,此题中有 fact＝1。

② Do While…Loop 按钮的 Click 事件处理过程应使用 Do While/ Until…Loop 循环控制结构,此种结构先判断条件,根据循环条件是 True 或 False 决定是否结束循环,与 For…Next 相比更适合于循环次数未知的情况。Do 循环语句的格式如下:

```
Do [While|Until <条件>]
    [循环体]
Loop
```

其中 While 的含义是当条件为 True 时执行循环体,Until 是直到条件为 True 时结束循环。此外,此种结构如果要利用循环控制变量,则应在循环体中有对循环控制变量进行修改的语句,以便在某时刻能结束循环。思考:Do While…Loop 按钮的 Click 事件处理过程如果利用 Do Until…Loop 结构控制,条件应怎样写?

③ Do…Loop Until 按钮的 Click 事件处理过程应使用 Do…Loop While/ Until 循环控制结构,此种结构先执行循环体后判断条件,根据循环条件是 True 或 False 决定是否结束循环,也就是说此种结构至少执行一次循环体,其他说明与 Do While/ Until…Loop 一致。

(3) 运行程序,验证结果。注意,由于存放阶乘结果的变量 fact,类型是 Long,当输入的 n 值太大时,会产生溢出错误,所以验证时输入的 n 值要小于 13,此问题的说明详见"四、常见错误提示"。

(4) 保存文件,文件名自定。

2. 编写程序,灵活运用循环控制语句与选择控制语句相结合。

【要求】 新建工程,界面如图 4-2 左图所示。程序的功能是:在文本框中输入初值、终值后,单击"运行"按钮,则在窗体下方的标签中显示 10 个在此指定范围内的随机整数,并指出这些整数中最大数和最小数。单击"清除"按钮时将文本框与标签中的文本清除。执行效果如图 4-2 右图所示。

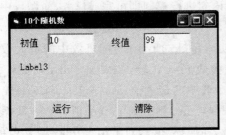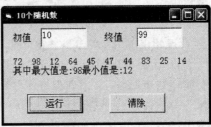

图 4-2 题目 2 界面与执行效果图

【操作指导】

(1) 新建工程,按题目要求进行界面设计,并设置相关属性。

(2) 代码编写,完成两个按钮的单击事件处理过程。参考程序如下:

```
Option Explicit
```

```
Private Sub Command1_Click()
    Dim x As Integer, i As Integer, p As String
    Dim m As Integer, n As Integer
    Dim max As Integer, min As Integer
    m = Val(Text1.Text)
    n = Val(Text2.Text)
    min = n: max = m
    Randomize
    For i = 1 To 10
        x = Int(Rnd * (n - m + 1) + m)
        p = p & x & " "
        If x > max Then max = x
        If x < min Then min = x
    Next i
    p = p & "其中最大值是:" & max & "最小值是:" & min
    Label3.Caption = p
End Sub
Private Sub Command2_Click()
    Text1.Text = ""
    Text2.Text = ""
    Label3.Caption = ""
End Sub
```

【代码说明】

①"运行"按钮的 Click 单击事件处理过程按照编写程序的结构:数据输入——输入指定范围的左右边界;数据处理——两个功能,产生 10 个指定范围内的随机数,及找出这些数中的最小数与最大数;数据输出——输出产生的 10 个随机数及最小数和最大数。在这其中涉及到的变量应先定义后使用。

②"运行"按钮的 Click 单击事件第一个功能应完成生成 10 个某范围内的随机整数,在实验二中已经学习了如何生成一个某范围内的随机整数,所用语句为:

```
x = Int(Rnd * (n - m + 1) + m)
```

以此语句作为循环体,利用循环结构对此语句进行控制即可完成任务,而题目中已明确指出了随机数的具体个数,以此对应循环次数,使用 For…Next 结构最合适。

③"运行"按钮的 Click 单击事件第二个功能是挑选出 10 个随机数中的最大数和最小数,针对每轮循环生成的随机数 x 与当前的最大数 max 比较,如果 x>max 则更新 max 的值,当 10 次循环结束时,max 中即保存了 10 个数中的最大值;同样道理,针对每轮循环生成的随机数 x 与当前的最小数 min 比较,如果 x<min 则更新 min 的值,当 10 次循环结束时,min 中即保存了 10 个数中的最小值。注意,在循环之前,对 min 与 max 赋初值的原则:若产生[m,n]范围内的随机数,则令 min=n; max=m。

(3) 运行程序,验证功能。将 For…Next 循环结构替换为 Do…Loop 循环结构,并验证。比较对此题,选用哪种语句控制更方便。

(4) 保存文件,文件名自定。

3. 编写程序,理解 For…Next 循环正常退出与非正常退出时,循环控制变量的值是什么,掌握退出 For…Next 循环语句:Exit For。

【要求】　新建工程,界面如图 4-3 左图所示。程序的功能是:在文本框中输入一个整数,单击"判定"按钮,则在窗体下方的标签中显示此数是否为素数,单击"清除"按钮时将文本框与标签中的文本清除。执行效果如图 4-3 右图所示。

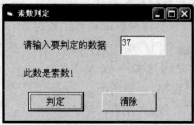

图 4-3　题目 3 界面与执行效果图

【操作指导】

(1) 新建工程,按题目要求进行界面设计,并设置相关属性。

(2) 代码编写,完成两个按钮的单击事件处理过程。参考程序如下:

```
Option Explicit
Private Sub Command1_Click()
    Dim x As Integer, i As Integer
    x = Val(Text1.Text)
    For i = 2 To x - 1
        If x Mod i = 0 Then Exit For
    Next i
    If i = x Then
        Label2.Caption = "此数是素数!"
    Else
        Label2.Caption = "此数不是素数!"
    End If
End Sub
Private Sub Command2_Click()
    Text1.Text = ""
    Label2.Caption = ""
End Sub
Private Sub Text1_Change()
    Label2.Caption = ""
End Sub
Private Sub Text1_KeyPress(KeyAscii As Integer)
    If KeyAscii = 13 Then Command1.SetFocus
End Sub
```

【代码说明】

① 要完成"判定"按钮的单击事件处理过程的素数的判断功能,首先应清楚素数的概念,素数就是只能由 1 和它本身整除的数。对于数 x,只要在 2~x-1 之间找到任何一个数能将 x 整除,那么 x 就不是素数,如果在此区间没有找到任何一个数能将 x 整除,那么 x 就是素数。所以只要用循环结构控制[2~x-1]区间,每次循环都用当前数去和 x 进行取余运算,如果余数为 0 则说明已找到一个数,能将 x 整除,则无须继续循环,利用 Exit 语句退

出循环结构,此时循环控制变量的值就是能将 x 整除的那个数,肯定小于或等于 x−1 的值;如果当循环完全执行完后也没有找到任何一个数能将 x 整除,则退出循环时,循环变量的值应该是 x。可看出,对于 For…Next 循环结构,退出循环有两种情况,正常退出即循环完全执行完,循环变量的值＞循环终止值;强制退出,即使用 Exit 语句,循环变量的值＜＝循环终止值,因此,只要通过判断循环结束时循环控制变量的值,就能确定 x 是不是素数。

② 为了减少循环的次数,实际上无须在 2～x−1 之间查找能将 x 整除的数,区间也可定为 2～x/2 之间,或 2～sqrt(x)。

（3）运行程序,验证功能。

（4）保存文件,文件名自定。

4. 编写程序,理解 Do…Loop 循环控制语句的应用场合,掌握退出 Do…Loop 循环的语句：Exit Do。

【要求】 新建工程,界面如图 4-4 左图所示。程序的功能是：在文本框中输入两个正整数,单击"计算"按钮求取它们的最大公约数,在窗体下方的标签中显示出来;单击"清除"按钮则将文本框与标签中的文字清除。执行效果如图 4-4 右图所示。

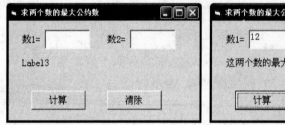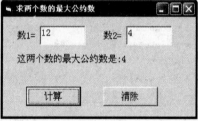

图 4-4　题目 4 界面与执行效果图

【操作指导】

（1）新建工程,按题目要求进行界面设计,并设置相关属性。

（2）代码编写,完成两个按钮的单击事件处理过程。参考程序如下：

```
Option Explicit
Private Sub Command1_Click()
    Dim x As Integer, y As Integer
    Dim t As Integer
    x = Val(Text1.Text)
    y = Val(Text2.Text)
    If x * y = 0 Then
        MsgBox "两个数都不能是 0!", vbCritical, "错误"
        Exit Sub
    End If
    If x < y Then t = x: x = y: y = t
    Do
        t = x Mod y
        If t = 0 Then Exit Do
        x = y
        y = t
    Loop
```

```
    Label3.Caption = "这两个数的最大公约数是:" & y
End Sub
Private Sub Command2_Click()
    Text1.Text = ""
    Text2.Text = ""
    Label3.Caption = ""
End Sub
```

【代码说明】

① 利用"辗转相除法"可进行两个数最大公约数的求取。具体算法：挑选出两个数中较大的数作为 x，较小的数作为 y；x 对 y 进行求余运算，如果余数 t 为 0，则 y 的值就是 x 与 y 的最大公约数，如果余数 t 不为 0，则把 y 赋值给 x，把 t 赋值给 y，再次进行 x 对 y 进行求余运算，判断 t 的值，重复上述过程，直至 t 为 0。

② 通过算法可知，应由循环结构控制，但循环的次数未知，所以最好选用 Do…Loop 语句。如果满足条件，则退出循环，应使用语句：Exit Do。

③ 为确保程序正常运行，应保证给定的两个数都不是 0，所以输入数据后应首先对这两个数进行判断，如果两个数中有 0，则应给出错误提示，并用 Exit Sub 结束当前过程。

（3）运行程序，验证功能。

（4）保存文件，文件名自定。

5. 编写程序，理解多重循环，能够设计较复杂的循环结构程序。

【要求】 新建工程，界面上不添加任何控件，程序执行时，单击窗体，则在窗体上输出如图 4-5 所示的图形。利用双重循环编写程序。

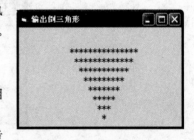

图 4-5 题目 5 执行效果图

【操作指导】

（1）新建工程，按题目要求进行界面设计，并设置相关属性。

（2）代码编写，完成窗体的单击事件处理过程。参考程序如下：

```
Option Explicit
Private Sub Form_Click()
    Dim i As Integer, j As Integer
    Cls
    Print: Print
    For i = 8 To 1 Step − 1
        Print Tab(20 − i);
        For j = 1 To 2 * i − 1
            Print " * ";
        Next j
        Print
    Next
End Sub
```

【代码说明】

① 打印二维图形可利用双重循环。通常以外重循环次数控制图形的行数，可以令外重

循环变量值由大到小变化；也可以令外重循环变量值由小到大变化；以内重循环次数控制每行的字符数，注意当前行字符数与外重循环控制变量值的关系。

② 首先观察要求输出图形的行数，共 8 行，则外重循环的执行次数应为 8 次，循环次数已知，最好选用 For…Next 结构控制，而如何指定循环控制变量的变化规律，则要看每行须打印的字符个数是否与行数相关。其次观察每行字符数，第一行 15 个，第二行 13 个，第三行 11 个……第八行 1 个，可看出如果令 i 的变化规律由 8 到 1，则每行字符的个数 j＝2 * i－1。最后观察每行字符的起始位置，每行比上一行向右移动一个字符位置，即每行输出的起始位置逐步增 1，而 i 的值是逐步减 1，因而使用 Print Tab(20 － i);语句可以达到要求，其中的 Tab 函数对输出结果进行定位，通常配合 Print 方法使用，20 是一个大概的数值，也可以是其他数值。

③ 为了每次单击窗体时重新打印图形，可在输出之前先使用 Cls 方法清除窗体上输出的信息，两个 Print 语句是为了先输出两行空白。

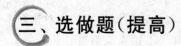 三、选做题（提高）

选做以下题目，熟练掌握各种循环控制语句与多重循环。

1. 编写程序，输出指定范围内的所有素数。界面设计可参考图 4-6。

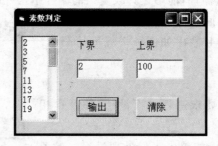

图 4-6　选做题目 1 执行效果图

【提示】

（1）由于输出的素数个数不详，所以可选用文本框进行结果输出，将其 MultiLine 属性设置为 True,ScrollBars 属性设置为 2,即令文本框可显示多行文本并具有垂直滚动条。

（2）素数的判定在第二部分实验内容与操作指导第 3 题中已经说明，而指定范围内的素数输出，则利用双重循环完成，外重循环列举指定范围内的所有数据，内重循环针对当前数据进行判断。

2. 显示所有的水仙花数。所谓水仙花数，就是指一个 3 位正整数，其各位数字的立方和等于该数本身。例如，$153＝1^3＋5^3＋3^3$,153 即为水仙花数。界面设计方案自定。

【提示】

本题目解法有两种：

（1）对 3 位数的各位数组合进行穷举：利用 3 重循环，将 3 个个位数组成一个 3 位数进行判断。例如，3 位数的各位数从高位到低位依次为 a,b,c,则对应的 3 位数为 a * 100＋b * 10＋c。

（2）对所有 3 位数进行穷举：利用单循环对所有 3 位数进行穷举，循环内将一个 3 位数拆成 3 个个位数进行判断。例如，对 s＝678 进行拆解时：个位数＝s Mod 10；十位数＝(s\10) Mod 10；百位数＝s\100。

3．百元买百鸡问题。假定小鸡每只 5 角，公鸡每只 2 元，母鸡每只 3 元。现在有 100 元钱要求买 100 只鸡，编程列出所有可能的购鸡方案。界面设计方案自定。

【提示】

设母鸡、公鸡、小鸡各为 x,y,z 只，根据题目要求，列出方程为：

x + y + z = 100

3x + 2y + 0.5z = 100

三个未知数，两个方程，此题有若干个解。

解决此类问题采用"试凑法"，把每一种情况都考虑到。

方法一：求出最多能买的公鸡、母鸡和小鸡的数量，利用三重循环来实现。

方法二：从三个未知数的关系，利用两重循环来实现。

四、常见错误提示

1．溢出错误

如果须处理的数据值很大，而定义的变量类型精度又较小时，就会发生溢出。例如第二部分实验内容与操作指导题目 1，运行程序后，如果输出的 n 值超过 13 则会出现图 4-7 所示的错误对话框，这并不是编译错误，也不是程序功能错误，只是数值超出了当前数据类型的表示范围，只须提高变量类型精度即可，可将 Long 类型改为 Single 或 Double 类型。

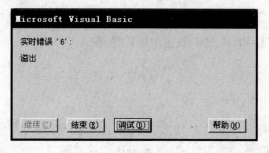

图 4-7　"溢出"错误对话框

2．不循环或死循环的问题

如果发生不循环或死循环的问题，主要检查循环条件、循环初值、循环终值、循环步长的设置是否有问题。

3．循环结构中缺少配对的结束语句

使用循环语句时要注意 For 与 Next 相匹配，Do 与 Loop 相匹配。

4.循环嵌套时,内外循环交叉

对于复杂程序通常会利用多重循环,此时要注意嵌套的规则,不得产生内外循环的交叉,以双重循环为例,图4-8是正确的嵌套结构,图4-9是错误的嵌套结构。

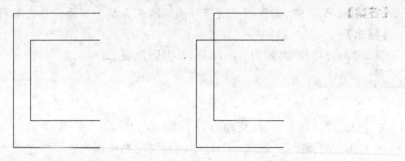

图4-8　正确的嵌套结构　　　　图4-9　错误的嵌套结构

5.累加、连乘时,存放累加、连乘结果的变量赋初值问题

(1) 一重循环。

在一重循环中,存放累加、连乘结果的变量初值设置应在循环语句前。

(2) 多重循环。

这要视具体问题分别对待。

五、练习题与解析

1.选择题

(1) 设有以下循环结构,则以下叙述中错误的是(　　)。

```
Do
循环体
Loop While <条件>
```

　　A. 若"条件"是一个为 0 的常数,则一次也不执行循环体

　　B. "条件"可以是关系表达式、逻辑表达式或常数

　　C. 循环体中可以使用 Exit Do 语句

　　D. 如果"条件"总是为 True,则不停地执行循环体

【答案】　A。

【解析】　注意此种结构循环是先执行循环体后判断条件结构,所以至少执行一次循环体。

(2) 设有以下循环结构,则以下叙述中错误的是(　　)。

```
Do While <条件>
循环体
Loop
```

A. 若"条件"是一个为 0 的常数,则执行循环体一次

B. "条件"可以是关系表达式、逻辑表达式或常数

C. 循环体中可以使用 Exit Do 语句

D. 如果"条件"总是为 True,则不停地执行循环体

【答案】　A。

【解析】　注意此种循环是先判断条件后执行循环体结构,若开始条件即不满足(值为 False 或数值 0)则循环体一次也不会被执行。

(3) 执行下列的程序段后,b 的值是(　　)。

```
a = 7:b = 10
Do While(a > a - 3)
  b = a + 1
Loop
```

A. 10　　　　　　B. 11　　　　　　C. 12　　　　　　D. 死循环

【答案】　D。

【解析】　循环条件永远为 True,则循环永远执行,即死循环。

(4) 下列程序段的执行结果为(　　)。

```
A = 1:B = 2
Do
  A = A + B
  B = B + 1
Loop While A < 5
Print A;B
```

A. A B　　　　　B. 6 4　　　　　C. 3 3　　　　　D. 7 5

【答案】　B。

【解析】　此题循环只执行两次,分析时可将每轮循环 A 和 B 的值写下来,然后判断。

(5) 有如下程序:

```
Private Sub Form_Click()
 Dim a As Integer, s As Integer
  a = 2:s = 3
  Do
    s = s + a
    If s Mod 3 = 0 Then
        a = a + 2
    Else
        a = a + 3
    End If
  Loop While a < 10
  Print a
End Sub
```

运行之后结果是(　　)。

A. 36　　　　　　B. 16　　　　　　C. 10　　　　　　D. 52

【答案】　C。

【解析】 分析时可将每轮循环 s 和 a 的值写下来,然后判断。

(6) 下列 VB 程序段运行后,变量 n 的值为( )。

```
n = 0
For x = 3 To 11 Step 2
    n = n + 1
Next x
```

A. 4 B. 5 C. 6 D. 7

【答案】 B。

【解析】 注意循环控制变量的步长值,此题实际考察循环执行的次数。循环次数=Int((终值-初值)/步长+1),所以 Int((11-3)/2+1)=5,选项 B 正确。

(7) 执行下列的程序段后,i 的值是( )。

```
x = 5
For i = 1 To 20 Step 4
    x = x + 1
Next i
```

A. 17 B. 20 C. 21 D. 25

【答案】 C。

【解析】 要求退出循环时控制变量的值,可以分两步:首先计算循环的次数,利用公式循环次数=Int((终值-初值)/步长+1),计算可知 Int((20-1)/4+1)=5;其次计算正常退出循环时控制变量的值=初值+步长*循环次数。所以 1+4*5=21,选项 C 正确。

(8) 下面程序的功能是( )。

```
Private Sub Form_Click()
Dim t As Integer, n As Integer
t = 1
n = 1
Do While t < 4000
    t = t * n
    n = n + 1
Loop
Print n - 2
End Sub
```

A. 求 n! 不大于 4000 时,n! 的值

B. 求(n-2)! 不大于 4000 时,(n-2)! 的值

C. 求 n! 不大于 4000 时,最大 n 的值

D. 求(n-2)! 不大于 4000 时,最大 n 的值

【答案】 C。

【解析】 一方面循环体中,利用连乘法计算的是 n!,此值存放在变量 t 中,而循环的条件是 t < 4000,即"n! 不大于 4000 时",所以将选项 B 与 D 淘汰;另一方面,以条件 t < 4000 控制循环退出时,即 t 的值已经不满足此条件,此时相当于多乘了一个数,而循环体内 t = t * n 语句后还有语句 n = n + 1,这说明 n 已经多加了 2 了,因此语句 Print n-2,在

窗体上输出的数据就是满足 n! 不大于 4000 时,最大 n 的值,所以选项 C 正确。

(9) 下面程序的功能是(   )。

```
Private Sub Form_Click()
Dim n As Integer, a As Integer
n = 0
a = Val(InputBox("请输入初始值"))
Do While n < 50
    If a Mod 37 = 0 Then
        Print a,
        n = n + 1
    End If
    a = a + 1
Loop
End Sub
```

A. 输入初始值,输出小于 50 的能被 37 整除的数

B. 输入初始值,输出小于 50 的整数

C. 输入初始值,输出 49 个能被 37 整除的数

D. 输入初始值,输出 50 个能被 37 整除的数

【答案】 D。

【解析】 循环体中的语句:

```
If a Mod 37 = 0 Then
    Print a,
    n = n + 1
End If
```

表示如果 a 的值能被 37 整除,则将此值输出,并进行个数加 1 处理。而循环的控制条件是 n < 50,但 n 的初值是 0,所以输出的数据应为 50 个,所以选项 D 正确。

(10) 在窗体上画一个名称为 Command1 的命令按钮,然后编写如下事件过程:

```
Private Sub Command1_Click()
x = 0
n = inputbox("")
For i = 1 To n
    For j = 1 To i
        x = x + 1
    Next j
Next i
Print x
End Sub
```

程序运行后,单击命令按钮,如果输入 3,则在窗体上显示的内容是(   )。

A. 3   B. 4   C. 5   D. 6

【答案】 D。

【解析】 本题实际考查双重循环的执行次数,如果内外循环控制变量的初值和终值不相关时,执行次数＝外循环次数×内循环次数;如果内外循环控制变量的初值和终值相关时,

将每次外重循环对应的内重循环的执行次数累加。本题输入 3,即 n 为 3,外重循环执行三次:第一次,内循环执行 1 次;第二次,内循环执行 2 次;第三次,内循环执行 3 次。1+2+3=6,所以选项 D 正确。

(11) 在窗体上画一个名称为 Command1 的命令按钮和一个名称为 Text1 的文本框,然后编写如下事件过程:

```
Private Sub Command1_Click()
    n = Val(Text1.Text)
    For i = 2 To n
        For j = 2 To sqr(i)
            If i Mod j = 0 Then Exit For
        Next j
        If j > Sqr(i) Then Print i
    Next i
End Sub
```

该事件过程的功能是(   )。

A. 输出 n 以内的奇数　　　　　　　B. 输出 n 以内的偶数

C. 输出 n 以内的素数　　　　　　　D. 输出 n 以内能被 j 整除的数

【答案】　C。

【解析】　从外循环可知要输出 2~n 之间符合某种条件的数据;内循环控制当前数是否能被 2~该数的开平方中的某个数整除,如果没有,则将此数输出。实际上是素数的条件,所以选项 C 正确。

2. 填空题

(1) 下面程序的功能是:在 100~999 三位整数范围内,找出这样的数(水仙花数):该数等于其各数字的立方和。例如:$371=3\hat{\ }3+7\hat{\ }3+1\hat{\ }3$,即 371 就是水仙花数。

注意:程序中有两处填空,均在' ****** FOUND ****** 下面一行的问号处,把程序补充完整。把问号处应该填写的内容分别写入解答文本框中。

```
Option Explicit
Private Sub Form_Load()
Dim a As Integer, b As Integer, c As Integer
Dim i As Integer
Show
For i = 100 To 999
' ****** FOUND ***********
    a = i \ ?(1)        '取百位数字
    b = i \ 10 Mod 10 '取十位数字
c = i Mod 10            '取个位数字
' ****** FOUND **********
    If ?(2) Then Print i;
Next i
End Sub
```

【答案】　(1)100;(2)$i=a\hat{\ }3+b\hat{\ }3+c\hat{\ }3$

【解析】　①对于给定的三位数提取百位数字,最简单的做法就是用此数对 100 进行整除运算,得到的结果即百位数字;②题目要求打印所有的水仙花数,此数要打印就要满足条件:某三位数的百位数字、十位数字、个位数字的立方之和与此三位数相等。

(2) 该程序的功能是在窗体载入时,求 $1+2+3+\cdots+100$ 的值,并显示在窗体上。

注意:程序中有两处填空,均在 FOUND 下面一行,请不要改动其余部分,把问号处应该填写的内容分别写入解答文本框中。

```
Private Sub Form_Load()
Dim s As Integer, n As Integer
Show
s = 0
n = 1
'******** FOUND ********
Do Until n >?(1)
    s = s + n
'******** FOUND ********
    ?(2)
Loop
Print "1 + 2 + 3 + … + 100 = "; s
End Sub
```

【答案】　(1) 100;　　　(2) n＝n＋1

【解析】　循环一般分为 4 个部分:①初始化部分:在循环之前为某些变量赋初值;②循环控制的条件部分:可以是关系表达式、逻辑表达式或数值;③循环体部分:完成主体功能;④循环变量修改部分:若是以某一变量的值来控制循环,则在循环中应有对其修改的语句,以便在此变量到达某一值后能退出循环。此题中要计算 1 到 100 的和,则条件应写为 Until n＞100;使用 n 的值来控制循环何时退出,则循环内必须要有对其修改的语句。

(3) 一个数,它除 5 余 3,除 7 余 2,求同时满足上面要求的最小数。

注意:程序中有两处填空,均在 FOUND 下面一行,请不要改动其余部分,把问号处应该填写的内容分别写入解答文本框中。

```
Private Sub Command1_Click()
Dim a As Integer
For a = 2 To 1000
'*************** FOUND ********************
    If a Mod 5 = 3  ?(1) a Mod 7 = 2 Then
        Print a
'*************** FOUND  ********************
        ?(2) For
    End If
Next a
End Sub
```

【答案】　(1) and ;(2) exit

【解析】　(1) 同时满足除 5 余 3,除 7 余 2 两个条件,则两个关系表达式之间并列即与的关系。(2) 此题只找一个数,找到了就应该退出循环,退出 For…Next 循环的语句是:Exit For。

（4）填空：若程序段要输出以下结果，请将程序补充完整。

注意：程序中有两处填空，均在'＊＊＊＊＊FOUND＊＊＊＊＊＊下面一行的问号处，请把程序补充完整。把问号处应该填写的内容分别写入解答文本框中。

```
********
 *******
  *****
   ***
    *
Private Sub Command1_Click()
Dim a As Integer, b As Integer
'********* FOUND **********
For a = ?(1)  To 1   Step  -1
    Print tab(6 - i);
'********* FOUND ************
  For b = 1 To ?(2)  Step 1
    Print " * ";
  Next b
  Print
Next a
End Sub
```

【答案】 （1）5； （2）2×a－1

【解析】 利用两重循环可进行二维图形的打印。①以外重循环次数控制图形的行数，可以令外重循环变量值由大到小变化；也可以令外重循环变量值由小到大变化；②以内重循环次数控制每行的字符数，注意当前行字符数与外重循环控制变量值的关系。

3.编程题

（1）程序功能是通过单击"计算"命令按钮，计算表达式 $1-2\times2+3\times3-4\times4+\cdots+99\times99$，并把结果在标签中输出，单击"结束"命令按钮，结束程序的执行。这个程序不完整，请补充完整。

```
Private Sub Command1_Click()
Dim sum As Long
sum = 0 '变量 sum 存放计算结果
'********请在两排星号之间写入内容,把程序补充完整

'********
Label2.Caption = "sum=" & sum

End Sub

Private Sub Command2_Click()
Unload Me
End Sub
```

【参考答案】 在两排＊＊＊＊＊＊＊之间填写如下语句：

```
Dim i
```

```
For i = 1 to 99
    If i mod 2 = 0 then
        sum = sum − i * i
    Else
        sum = sum + i * i
    End If
Next i
```

（2）程序功能是通过单击"显示"命令按钮，计算 $s = 1 ^\wedge 1 + 2 ^\wedge 2 + 3 ^\wedge 3 + 4 ^\wedge 4 + 5 ^\wedge 5 + \cdots$（其中：$\wedge$ 是指数运算，即 $3 ^\wedge 3 = 3 \times 3 \times 3$）的值，当 $s > 20000$ 时停止叠加。并将 s 显示在文本框里，单击"结束"命令按钮，结束程序的执行。请打开该文件，这个程序不完整，请补充完整。

```
Private Sub Command1_Click()
Dim i As Integer, s As Long
i = 1
s = 0    's 存放最终结果
'在下面的空白处编写代码,不允许修改其他部分
' ********

' ********
'下面的语句请不要做任何修改
    Text1.Text = Str(s)
End Sub

Private Sub Command2_Click()
Unload Me
End Sub
```

【参考答案】　在两排 ******* 之间填写如下语句：

```
Do Until s > 20000
    s = s + i^i
    i = i + 1
Loop
```

实验五

常用内部控件程序设计

一、实验目的

（1）掌握框架、单选按钮、复选框，列表框，组合框，图片框、图像框，计时器，滚动条的常用属性、方法、事件。

（2）正确、熟练使用各个控件。

（3）掌握多重窗体程序设计，设置启动窗体。

二、实验内容与操作指导

说明：在 E 盘下建立自己的学号文件夹，将完成以下题目的相关文件均存放到此文件夹下。

1. 框架、单选按钮、复选框的单击事件编程。选择字体中的单选按钮，文本框中的内容变成相应的字体；选择字型中的复选框，文本框中的内容变成相应的字型效果。执行效果如图 5-1 所示。最后存盘，窗体文件名为 t1. frm，工程文件名为 t1. vbp，生成可执行程序文件 t1. exe。

图 5-1　题目 1 的执行效果图

【操作过程】

（1）启动 Visual Basic 6.0，新建一个工程。

（2）添加控件，在属性窗口中设置各对象的属性，如表 5-1 所示。

表 5-1　属性设置

对象	属性	属性值	说明
Form1	Caption	框架、单选按钮、复选框的单击事件	窗体的标题
Text1	Text		初始时文本框内容为空
Frame1	Caption	字体	框架 1 的标题
Frame2	Caption	字型	框架 2 的标题
Option1	Caption	隶书	单选按钮 1 的标题
Option2	Caption	楷体	单选按钮 2 的标题
Option3	Caption	仿宋	单选按钮 3 的标题
Check1	Caption	粗体	复选框 1 的标题
Check2	Caption	斜体	复选框 2 的标题
Check3	Caption	下划线	复选框 3 的标题

（3）双击单选按钮"隶书"，进入代码窗口，此时系统自动给出单选按钮 Option1 的单击事件处理过程框架，在过程中添加程序代码，实现单击 Option1，Text1 中的字体变为隶书的功能。

```
Private Sub Option1_Click()
Text1.FontName = "隶书"
End Sub
```

按照同样的方法，Option2 和 Option3 的单击事件代码如下：

```
Private Sub Option2_Click()
Text1.FontName = "楷体_gb2312"      '设置楷体的全称是：楷体_gb2312
End Sub
Private Sub Option3_Click()
Text1.FontName = "仿宋_gb2312"      '设置仿宋的全称是：仿宋_gb2312
End Sub
```

（4）双击复选框"粗体"，进入代码窗口，此时系统自动给出复选框 Check1 的单击事件处理过程框架，在过程中添加程序代码，实现单击选中 Check1，Text1 中的字体能够加粗；不选中 Check1，Text1 中的字体不加粗的功能。

```
Private Sub Check1_Click()
Text1.FontBold = Not Text1.FontBold
End Sub
```

按照同样的方法，Check2 和 Check3 的单击事件代码如下：

```
Private Sub Check2_Click()
Text1.FontItalic = Not Text1.FontItalic
End Sub

Private Sub Check3_Click()
Text1.FontUnderline = Not Text1.FontUnderline
End Sub
```

（5）运行程序，验证功能。

（6）保存文件。单击"保存"按钮，窗体文件名为 t1.frm，工程文件名为 t1.vbp；单击"文件"→"生成 t1.exe"，生成可执行程序文件 t1.exe。

注意：字体是隶书情况下，没有下划线现象，如图 5-2 所示。

图 5-2　隶书、下划线效果图

【思考题 1】　复选框的单击事件中，还可以用什么方法实现？

【解答】　可以用 Value 属性值来判断，选中 Check1 时的 Value 值是 1，对应逻辑真，因此加粗；没选中 Check1 时的 Value 值是 0，对应逻辑假，因此不加粗。Check2 和 Check3 类似。

```
Private Sub Check1_Click()
Text1.FontBold = Check1.Value
End Sub
```

2. 单选按钮、复选框的 Value 属性值编程。选择颜色中的单选按钮，选择字型中的复选框，单击"设置"按钮后，文本框中的内容变成相应的字体和相应的字型效果。执行效果如图 5-3 所示。最后存盘，窗体文件名为 t2.frm，工程文件名为 t2.vbp，生成可执行程序文件t2.exe。

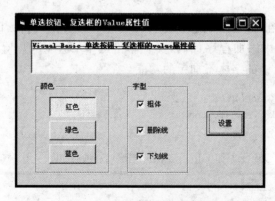

图 5-3　题目 2 的执行效果图

【操作过程】

（1）启动 Visual Basic 6.0，新建一个工程。

（2）添加控件，在属性窗口中设置各对象的属性，如表 5-2 所示。

表 5-2　属性设置

对象	属性	属性值	说　明
Form1	Caption	单选按钮、复选框的 Value 属性值	窗体的标题
Text1	Text		初始时文本框内容为空
Frame1	Caption	颜色	框架 1 的标题
Frame2	Caption	字型	框架 2 的标题
Option1	Caption	红色	单选按钮 1 的标题
Option2	Caption	绿色	单选按钮 2 的标题
Option3	Caption	蓝色	单选按钮 3 的标题
Option1			
Option2	Style	1-Graphical	3 个单选按钮的样式为按钮样式
Option3			
Check1	Caption	粗体	复选框 1 的标题
Check2	Caption	删除线	复选框 2 的标题
Check3	Caption	下划线	复选框 3 的标题
Command1	Caption	设置	命令按钮的标题

（3）双击"设置"按钮，进入代码窗口，此时系统自动给出按钮 Command1 的单击事件处理过程框架，在过程中添加程序代码，实现功能。

```
Private Sub Command1_Click()
If Option1.Value = True Then Text1.ForeColor = RGB(255, 0, 0)
'如果 Option1 被选中,设置红色
If Option2.Value = True Then Text1.ForeColor = RGB(0, 255, 0)
'如果 Option2 被选中,设置绿色
If Option3.Value = True Then Text1.ForeColor = RGB(0, 0, 255)
'如果 Option3 被选中,设置蓝色

If Check1.Value = 1 Then
Text1.FontBold = True
Else                        '如果 Check1 被选中,加粗;否则不加粗
Text1.FontBold = False
End If

If Check2.Value = 1 Then
Text1.FontStrikethru = True
Else                        '如果 Check2 被选中,加删除线;否则不加删除线
Text1.FontStrikethru = False
End If

If Check3.Value = 1 Then
Text1.FontUnderline = True
Else                        '如果 Check3 被选中,加下划线;否则不加下划线
Text1.FontUnderline = False
End If
End Sub
```

（4）运行程序，验证功能。

（5）保存文件。单击"保存"按钮，窗体文件名为 t2. frm，工程文件名为 t2. vbp；单击

"文件"→"生成 t2.exe",生成可执行程序文件 t2.exe。

【思考题 2】 颜色设置还可以用什么方法实现?

【解答】 可以用下面方法实现,红色:vbRed,绿色:vbGreen,蓝色:vbBlue。

```
If Option1.Value = True Then Text1.ForeColor = vbRed
```

3. 列表框编程:要求窗体载入时生成已有字段,已有字段为 1 到 100 之间能够被 7 整除的数,单击">"按钮,把已有字段中选择的多个项目添加到选择字段中,同时在已有字段中删除;单击">>"按钮,把已有字段中所有项目添加到选择字段中,同时把已有字段清空;单击"<"按钮和"<<"按钮,执行效果相反,如图 5-4 所示。最后存盘,窗体文件名为 t3.frm,工程文件名为 t3.vbp,生成可执行程序文件 t3.exe。

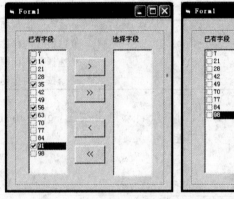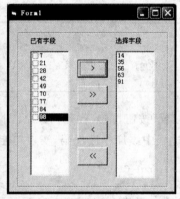

图 5-4　题目 3 的执行效果图

【操作过程】

(1) 启动 Visual Basic 6.0,新建一个工程。

(2) 添加控件,在属性窗口中设置各对象的属性,如表 5-3 所示。

表 5-3　属性设置

对象	属性	属 性 值	说 明
Frame1	Caption		框架的标题为空
Label1	Caption	已有字段	标签 1 的标题
Label2	Caption	选择字段	标签 2 的标题
List1	Style	1-Checkbox	列表框 1 的样式为复选框样式
List2	MultiSelect	2-Extended	列表框 2 的多选属性为扩充多项选择
Command1	Caption	>	命令按钮的标题
Command2	Caption	>>	命令按钮的标题
Command3	Caption	<	命令按钮的标题
Command4	Caption	<<	命令按钮的标题

(3) 进入代码窗口,在窗体载入事件中编写已有字段代码:

```
Private Sub Form_Load()
    For i = 1 To 100                        '1 到 100 之间
        If i Mod 7 = 0 Then                 '能够被 7 整除的数
```

```
        List1.AddItem i                          '添加到 List1 中
      End If
    Next
End Sub
```

双击">"按钮,此时系统自动给出按钮 Command1 的单击事件处理过程框架,在过程中添加程序代码,实现功能:

```
Private Sub Command1_Click()
  i = 0                                        '项目的索引号从 0 开始
  Do While i < List1.ListCount                 '对每个项目依次进行循环
    If List1.Selected(i) = True Then           '判断是否被选中
      List2.AddItem List1.List(i)              '选中,添加到 List2 中
      List1.RemoveItem i                       '在 List1 中删除
    Else
      i = i + 1                                '没选中,判断下一项
    End If
  Loop
End Sub
```

双击">>"按钮,此时系统自动给出按钮 Command2 的单击事件处理过程框架,在过程中添加程序代码,实现功能:

```
Private Sub Command2_Click()
  For i = 0 To List1.ListCount - 1
    List2.AddItem List1.List(i)                '对每个项目依次进行循环,添加到 List2 中
  Next i
  List1.Clear                                  '清空 List1
End Sub
```

"<"按钮和"<<"按钮的事件代码如下:

```
Private Sub Command3_Click()
  i = 0
  Do While i < List2.ListCount
    If List2.Selected(i) = True Then
      List1.AddItem List2.List(i)
      List2.RemoveItem i
    Else
      i = i + 1
    End If
  Loop
End Sub

Private Sub Command4_Click()
  For i = 0 To List2.ListCount - 1
    List1.AddItem List2.List(i)
  Next i
  List2.Clear
End Sub
```

(4) 运行程序,验证功能。

(5) 保存文件。单击"保存"按钮,窗体文件名为 t3.frm,工程文件名为 t3.vbp;单击"文件"→"生成 t3.exe",生成可执行程序文件 t3.exe。

4. 组合框编程：在窗体上放置 3 个不同类型的组合框,通过设置属性添加"北京"、"上海"、"天津"和"重庆"4 项,选中或修改各自的内容后,将内容显示在对应的文本框中,执行效果如图 5-5 所示。最后存盘,窗体文件名为 t4.frm,工程文件名为 t4.vbp,生成可执行程序文件 t4.exe。

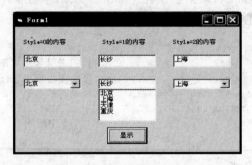

图 5-5   题目 4 的执行效果图

【操作过程】

(1) 启动 Visual Basic 6.0,新建一个工程。

(2) 添加控件,在属性窗口中设置各对象的属性,如表 5-4 所示。

表 5-4   属性设置

对象	属性	属 性 值	说 明
Label1	Caption	Style＝0 的内容	标签 1 的标题
Label2	Caption	Style＝1 的内容	标签 2 的标题
Label3	Caption	Style＝2 的内容	标签 3 的标题
Text1	Text		初始时文本框内容为空
Text2			
Text3			
Text			
Combo1	List	北京	组合框中的选项
Combo2		上海	
Combo3		天津	
		重庆	
Command1	Caption	显示	命令按钮的标题

(3) 双击"显示"按钮,进入代码窗口,此时系统自动给出按钮 Command1 的单击事件处理过程框架,在过程中添加程序代码,实现功能。

```
Private Sub Command1_Click()
Text1.Text = Combo1.Text    '把组合框中的内容赋值给文本框显示
Text2 = Combo2.Text          '文本框的默认属性是 Text
Text3 = Combo3.Text
End Sub
```

(4) 运行程序,验证功能。

(5) 保存文件。单击"保存"按钮,窗体文件名为 t4.frm,工程文件名为 t4.vbp；单击"文件"→"生成 t4.exe",生成可执行程序文件 t4.exe。

【思考题 3】　组合框的属性 Style=0,Style=1,Style=2 有什么区别?

【解答】　Style=0 是默认值,下拉式组合框,可选择,可输入。

Style=1 是简单组合框,可选择,可输入。在设计时应适当调整组合框的大小。

Style=2 是下拉列表组合框,可选择,不可输入。

5. 图片框和图像框编程:按照图 5-6 的效果,单击各个按钮实现相应的功能。在窗体上添加两个图片框 PictureBox 和一个图像框 Image,单击"装载图片"按钮,在 Picture1 中装载计算机中的任意一个图片;单击"显示文字"按钮,在 Picture1 中显示文字"图片框和图像框编程";单击"复制图片和文字"按钮,把 Picture1 中的图片和文字复制到 Picture2 中;单击"复制图片"按钮,只把 Picture1 中的图片复制到 Picture2 中;单击"清除内容"按钮,把 Picture2 中的内容清除;单击"装载 Picture1 中的图片"按钮,把 Picture1 中的图片(不是所有内容)复制到图像框 Image1 中;单击"放大图片"按钮,Image1 实现放大功能;单击"原始图片"按钮,Image1 中显示原来的图片。最后存盘,窗体文件名为 t5.frm,工程文件名为 t5.vbp,生成可执行程序文件 t5.exe。

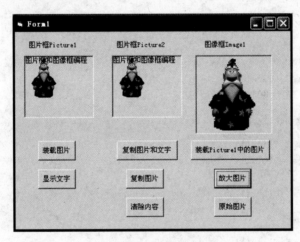

图 5-6　题目 5 的执行效果图

【操作过程】

(1) 启动 Visual Basic 6.0,新建一个工程。

(2) 添加控件,在属性窗口中设置各对象的属性,如表 5-5 所示。

表 5-5　属性设置

对象	属性	属 性 值	说　　明
Label1	Caption	图片框 Picture1	标签 1 的标题
Label2	Caption	图片框 Picture2	标签 2 的标题
Label3	Caption	图像框 Image1	标签 3 的标题
Picture1	AutoRedraw	True	自动重绘属性为真
Picture1	Width	1815	设置大小
Picture2	Height	1575	
Image1			
Image1	BorderStyle	1-Fixed Single	Image1 的边框样式

对象	属性	属 性 值	说 明
Command1	Caption	装载图片	命令按钮的标题
Command2	Caption	显示文字	命令按钮的标题
Command3	Caption	复制图片和文字	命令按钮的标题
Command4	Caption	复制图片	命令按钮的标题
Command5	Caption	清除图片	命令按钮的标题
Command6	Caption	装载 Picture1 中的图片	命令按钮的标题
Command7	Caption	放大图片	命令按钮的标题
Command8	Caption	原始图片	命令按钮的标题

(3) 双击各个按钮,进入代码窗口,此时系统自动给出按钮的单击事件处理过程框架,在过程中添加程序代码,实现相应功能。

```
Private Sub Command1_Click()
  Picture1.Picture = _
LoadPicture("C:\WINDOWS\system32\oobe\images\merlin.gif")
End Sub

Private Sub Command2_Click()
  Picture1.Print "图片框和图像框编程"
End Sub

Private Sub Command3_Click()
  Picture2.Picture = Picture1.Image
End Sub
Private Sub Command4_Click()
  Picture2.Picture = Picture1.Picture
End Sub
Private Sub Command5_Click()
  Picture2.Picture = LoadPicture("")
End Sub
Private Sub Command6_Click()
  Image1.Picture = Picture1.Picture
End Sub

Private Sub Command7_Click()
  Image1.Width = 2000     '图像框放大
  Image1.Height = 2000
  Image1.Stretch = True    '图形改变大小,使图形自动调整大小,以便填满图像框
End Sub

Private Sub Command8_Click()
  Image1.Stretch = False  '图形大小不变,图像框自动调整大小以适应图形
End Sub
```

【思考题 4】 单击"放大图片"按钮后,单击"装载 Picture1 中的图片"按钮,有什么现象? 为什么?

【解答】 单击"放大图片"按钮后,单击"装载 Picture1 中的图片"按钮,没有任何变化。因为单击"放大图片"按钮后,Image1 的自动调整大小属性 Stretch 设置为 True,因此再装载 Picture1 中的图片时,图片自动调整大小以适应 Image1 的当前大小,即 Width 为 2000,Height 为 2000,现象上没有发生变化。

6. 计时器控件编程:设计一个秒表计时器,启动时文本框中显示"0",字体大小为 40,居中显示,用户不可以编辑文本框。当用户单击"开始计时"按钮时,在文本框中开始计时,同时按钮标题变为"停止计时","清零"按钮无效;单击"停止计时"按钮时,计时停止,并保留计时结果,按钮恢复为"开始计时","清零"按钮有效;再次单击"开始计时",能接着上次结果继续计时;单击"清零"按钮,文本框清零。执行效果如图 5-7 所示。最后存盘,窗体文件名为 t6.frm,工程文件名为 t6.vbp,生成可执行程序文件 t6.exe。

图 5-7 题目 6 的执行效果图

【操作过程】

(1) 启动 Visual Basic 6.0,新建一个工程。

(2) 添加控件,在属性窗口中设置各对象的属性,如表 5-6 所示。

表 5-6 属性设置

对象	属性	属性值	说明
Form1	Caption	秒表计时器	窗体的标题
Text1	Text		初始时文本框内容为空
Command1	Caption	开始计时	命令按钮的标题
Command2	Caption	清零	命令按钮的标题
Timer1	Interval	1000	计时器时间间隔属性为 1 秒

(3) 进入代码窗口,在窗体载入事件中编写代码。

```
Private Sub Form_Load()
    Text1.Text = "0"
    Text1.FontSize = 40      '字体大小
    Text1.Alignment = 2      '居中显示
    Text1.Locked = True      '用户不可以编辑
    Timer1.Enabled = False   '计时器一开始不可用
End Sub
```

双击 Command1 按钮,进入代码窗口,此时系统自动给出按钮 Command1 的单击事件处理过程框架,在过程中添加程序代码,实现功能。

```
Private Sub Command1_Click()
If Command1.Caption = "开始计时" Then
    Timer1.Enabled = True
    Command1.Caption = "停止计时"
    Command2.Enabled = False
Else
    Timer1.Enabled = False
    Command1.Caption = "开始计时"
    Command2.Enabled = True
End If
End Sub
```

双击 Command2 按钮，进入代码窗口，此时系统自动给出按钮 Command2 的单击事件处理过程框架，在过程中添加程序代码，实现清零功能。

```
Private Sub Command2_Click()
  Text1.Text = "0"
End Sub
```

计时器事件代码：

```
Private Sub Timer1_Timer()
  Text1.Text = Text1.Text + 1          'Text1 中的内容加 1
End Sub
```

（4）运行程序，验证功能。

（5）保存文件。单击"保存"按钮，窗体文件名为 t6.frm，工程文件名为 t6.vbp；单击"文件"→"生成 t6.exe"，生成可执行程序文件 t6.exe。

【思考题 5】　计时器的工作原理是什么？如何使用计时器控件？

【解答】　计时器的工作原理是：计时器可用的情况下，每隔一段时间执行一遍 Timer 事件中的代码。

使用计时器控件：在窗体上创建计时器控件；设置计时器的时间间隔 Interval 属性，单位是毫秒；根据题意设置计时器的 Enabled 属性；编写计时器的 Timer 事件代码。

7. 滚动条控件编程：当滚动条发生变化时，标签中显示滚动条的当前值，执行效果如图 5-8 所示。最后存盘，窗体文件名为 t7.frm，工程文件名为 t7.vbp，生成可执行程序文件 t7.exe。

图 5-8　题目 7 的执行效果图

【操作过程】

（1）启动 Visual Basic 6.0，新建一个工程。

（2）添加控件，在属性窗口中设置各对象的属性，如表 5-7 所示。

表 5-7 属性设置

对象	属性	属性值	说明
Label1	Caption	当前滚动条的值是	标签的标题
Label2	Caption		初始时内容为空
HScroll1	Min	1	水平滚动条的最小值
	Max	10	最大值
	SmallChange	1	最小改变量
	LargeChange	3	最大改变量

（3）进入代码窗口，在滚动条变化事件中编写代码：

```
Private Sub HScroll1_Change()
  Label2.Caption = HScroll1.Value
End Sub
```

（4）运行程序，验证功能。

（5）保存文件。单击"保存"按钮，窗体文件名为 t7. frm，工程文件名为 t7. vbp；单击"文件"→"生成 t7. exe"，生成可执行程序文件 t7. exe。

8. 多重窗体程序设计：建立两个窗体和一个标准模块（Module1），两个窗体分别显示当前的日期和时间，标准模块包含一个 Sub Main 过程。要求设置启动对象是 Sub Main，运行程序时首先判断当前时间是否超过 12 时，如果超过，显示窗体 Form2，否则显示窗体 Form1。执行效果如图 5-9 和图 5-10 所示。最后存盘，窗体文件名为 t8. frm，工程文件名为 t8. vbp，生成可执行程序文件 t8. exe。

图 5-9 没有超过 12 时的执行效果图

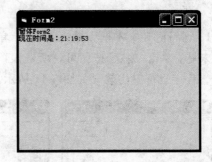

图 5-10 超过 12 时的执行效果图

【操作过程】

（1）启动 Visual Basic 6.0，新建一个工程。

（2）添加窗体和标准模块，设置启动对象：Sub Main 过程的建立。

在"工程"菜单中"添加窗体"Form2，选择"工程"菜单中"添加模块"命令添加标准模块 Module1。在 Module1 的代码窗口中编写代码；再单击"工程"菜单中的"工程属性"，设置 Sub Main 过程为"启动对象"。

```
Sub main()
  t = Hour(Time)     '提取系统时间中的小时
```

```
    If t <= 12 Then
      Form1.Show
    Else
      Form2.Show          '如果超过 12 时,显示窗体 Form2
    End If
End Sub
```

（3）窗体 Form1 显示当前日期,Form_Load 事件过程代码如下：

```
Private Sub Form_Load()
  Show
  Print "窗体 Form1"
  Print "当前日期是: "; Date
End Sub
```

（4）窗体 Form2 显示当前时间,Form_Load 事件过程代码如下：

```
Private Sub Form_Load()
  Show
  Print  "窗体 Form2"
  Print  "现在时间是: "; Time
End Sub
```

（5）运行程序,验证功能。

（6）保存文件。单击"保存"按钮,窗体文件名为 t8.frm,工程文件名为 t8.vbp；单击"文件"→"生成 t8.exe",生成可执行程序文件 t8.exe。

三、选做题（提高）

1. 运行时在文本框中输入新表项,单击"添加"按钮后,将文本框中的内容追加到列表框的末尾；单击"删除"按钮可将所选表项删除；单击"上移"或"下移"可以调整所选表项的位置。程序运行时的效果如图 5-11 所示。最后存盘,文件名自定。

  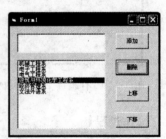

图 5-11　选做题目 1 执行效果图

【提示】

（1）编写"添加"按钮的事件过程 Command1_Click(),添加列表项语句为：

```
List1.AddItem Text1.Text
```

（2）编写"删除"按钮的事件过程 Command2_Click(),删除列表项语句为：

```
List1.RemoveItem List1.ListIndex
```

（3）实现"上移"按钮的事件过程：

```
Private Sub Command3_Click()
List1.AddItem List1.Text, List1.ListIndex - 1    '先将选中的内容添加到上一项前
List1.RemoveItem List1.ListIndex + 1             '将原来选中的那项删除
List1.ListIndex = List1.ListIndex - 2            '将光标重新指向已经上移后的选项
End Sub

Private Sub List1_Click()
Command3.Enabled = True
If List1.ListIndex = 0 Then                       '第一项不能上移
Command3.Enabled = False
End If
End Sub
```

2. 窗体中有两个滚动条，分别表示红灯亮和绿灯亮的时间（秒），移动滚动框可以调节时间，调节范围为 1～10 秒。刚运行时，红灯亮，单击"开始"按钮则开始切换：红灯时间到时自动变为黄灯，1 秒后变为绿灯；绿灯时间到时自动变为黄灯，1 秒后变为红灯，如此切换。程序运行时的效果如图 5-12 所示。最后存盘，文件名自定。

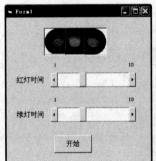

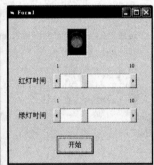

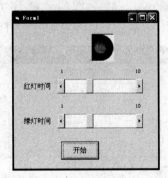

图 5-12　选做题目 2 执行效果图

【提示】

在 3 个图片框 Picture1，Picture2，Picture3 中分别放置了红灯亮、绿灯亮、黄灯亮的图标，当要使某个灯亮时，就使相应的图片框可见，而其他图片框不可见，并保持规定的时间，时间到就切换为另一个图片框可见，其他图片框不可见。

```
Dim red As Integer, green As Integer
Private Sub Command1_Click()
  red = HScroll1.Value
  green = HScroll2.Value
  Timer1.Enabled = True
End Sub


Private Sub Timer1_Timer()
If Picture1.Visible Then
  red = red - 1
  If red = 0 Then
    Picture1.Visible = False
    Picture2.Visible = True
  End If
ElseIf Picture2.Visible Then
    Picture2.Visible = False
    If red = 0 Then
    Picture3.Visible = True
    red = HScroll1.Value
    Else
    Picture1.Visible = True
    green = HScroll2.Value
  End If
  ElseIf Picture3.Visible Then
    green = green - 1
    If green = 0 Then
    Picture3.Visible = False
    Picture2.Visible = True
  End If
End If
End Sub
```

3. 窗体载入时,用列表框输出 1~50 之间的平方、平方根、自然对数及 e 指数数学用表。程序运行时的效果如图 5-13 所示。最后存盘,文件名自定。

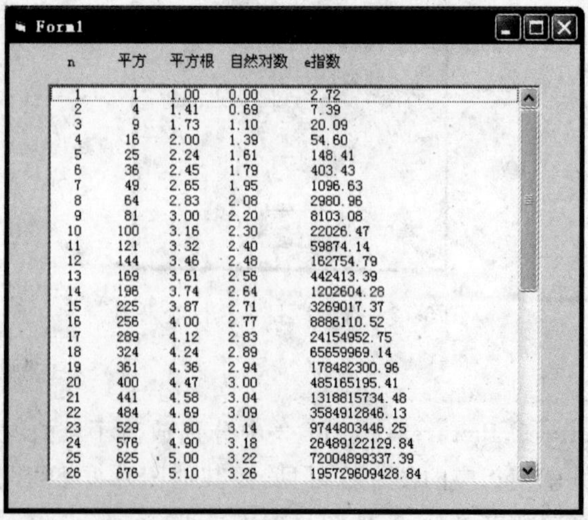

图 5-13　选做题目 3 执行效果图

【提示】

（1）向列表框中添加项目的方法：AddItem。

（2）添加的各项数学式子如何表达成正确的 VB 表达式，如自然对数、e 指数等。

（3）格式的控制：使用 Format() 函数灵活控制格式。

```
Private Sub Form_Load()
Dim n As Integer
For n = 1 To 50
    List1.AddItem Format(n, "@@@@") & _
                Format(n ^ 2, "@@@@@@@@") & _
                Format(Format(Sqr(n), "0.00"), "@@@@@@@@") & _
                Format(Format(Log(n), "0.00"), "@@@@@@@@") & "      " & _
                Format(Exp(n), "0.00")
Next
End Sub
```

四、常见错误提示

1. 创建单选按钮错误

错误的创建单选按钮方法：创建一个单选按钮，又创建一个标签在旁边，修改标签的标题 Caption 属性，如图 5-14 所示。

正确创建单选按钮的方法：单击工具箱中的"单选按钮"控件，在窗体上用鼠标拖曳一个矩形，此时可看见标题是 Option1，依题意修改标题的 Caption 属性即可。或者双击工具箱中的"单选按钮"控件，在窗体中自动生成一个单选按钮，标题是 Option1，依题意修改 Caption 属性即可，如图 5-14 所示。

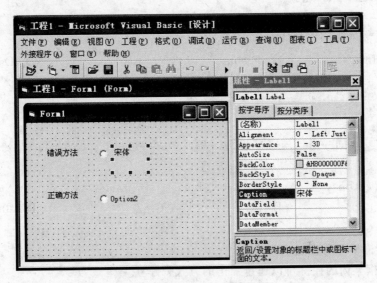

图 5-14　创建单选按钮效果图

2. 创建单选按钮组错误

单选按钮(OptionButton)通常在使用时将多个单选按钮作为一个组,同一时刻只能选择同一组中的一个单选按钮。因此,经常将多个单选按钮放在一个框架中构成一个选项组。

注意:同一个容器中的所有单选按钮为一组,它们之间互斥,即只能选中一个。如果出现如图 5-15 所示的效果,则说明创建单选按钮组错误,Option1 和 Option2 没有同时在框架中,可以尝试拖拽框架,就会观察到。

正确创建单选按钮组的方法:

(1) 应首先绘制 Frame 控件(工具箱中的按钮),再在其中绘制其他控件。

(2) 选定需放入框架中的所有控件,将它们剪切到剪贴板上,然后选定 Frame 控件,再将剪贴板上的控件粘贴到 Frame 控件上。

(3) 在框架 Frame1 中建立单选按钮控件数组的方法是:先选定 Frame1,在其中添加第一个单选按钮,然后用复制+粘贴的方法添加其余 2 个单选按钮,即成为一个控件数组。

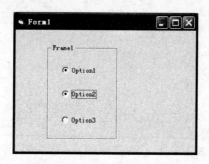

图 5-15　创建单选按钮效果图

五、练习题与解析

(1) 以下控件可作为其他控件容器的是( )。

　　A. Image　　　　　B. Frame　　　　　C. ListBox　　　　D. Data

【答案】 B。

【解析】 VB 中的 3 个容器型控件:窗体(Form)、框架(Frame)和图片框(PictureBox)。

(2) 若需要在同一窗口内安排两组相互独立的单选按钮,可使用( )控件将它们分隔开。

　　① TextBox　② PictureBox　③ Image　④ Frame

　　A. ①②　　　　　B. ②③　　　　　C. ②④　　　　　D. ③④

【答案】 C。

(3) 关于框架下列说法正确的是:

　　A. 框架内的控件可以通过双击的方式来建立

　　B. 框架内所有的控件可以随框架一起移动、显示、删除

　　C. 框架可以响应 Click 事件和 DblClick 事件。应用程序中必须编写这两个事件

的事件过程

　　D. 框架可以利用 Print 方法,在框架中输出文字

【答案】　B。

（4）在程序中可以通过单选按钮和复选框的（　　）属性值来判断它们当前的状态。

　　A. Caption　　　　B. Value　　　　C. Checked　　　　D. Selected

【答案】　B。

【解析】　单选按钮的 Value 属性:设置单选按钮在执行时是否被选中,其值有两个:

True:表示该选项被选中,运行时该单选按钮的圆圈中出现一个黑点。

False(默认值):表示该选项未选中。

在一组选项按钮控件中,选中一个控件,该控件的 Value 值变成 True 的同时,其他控件的 Value 属性将自动变成 False。

复选框的 Value 属性:该属性用于返回或设置复选框在执行时的三种状态,分别是:

0(默认值):表示未选中,在运行时复选框中没有"√"标志。

1:复选框中被选中,执行时复选框中呈现"√"标志。

2:复选框为灰色,执行时复选框中呈现"√"标志,但以灰色显示,表示已经处于选中状态,但不允许用户修改它所处的状态。

答案 A. Caption 属性:设置显示标题。

单选按钮和复选框没有答案 C. 和 D. 的属性。

（5）单击单选按钮 Option1 时,让文本框 Text1 中的字体为仿宋,应该填写的代码是（　　）。

```
Private Sub Option1_Click()
　　_____
End Sub
```

　　A. Text1. Text = "仿宋"　　　　　　B. Text1. Text = "仿宋_GB2312"

　　C. Text1. FontName = "仿宋"　　　　D. Text1. FontName = "仿宋_GB2312"

【答案】　D。

【解析】　设置字体的属性是 FontName,字体名称写全,仿宋字体名称是"仿宋_GB2312",楷体字体名称是"楷体_GB2312"。

（6）当一个复选框被选中时,它的 Value 属性的值是（　　）。

　　A. 0　　　　　　B. 1　　　　　　C. 2　　　　　　D. 3

【答案】　B。

（7）复选框 Check1 被选中,文本框 Text1 中的字体加粗;Check1 没被选中时,文本框 Text1 中的字体不实现加粗功能,则应该填写的代码是（　　）。

```
Private Sub Check1_Click()
　　_____
End Sub
```

　　A. Text1. Text = "加粗"　　　　　　B. Text1. FontName = "加粗"

　　C. Text1. FontBold = True　　　　　D. Text1. FontBold = Check1. Value

【答案】　D。

【解析】　设置字体加粗的属性是 FontBold,类型是 Boolean 型,值为 True 时表示加粗,值为 False 时表示不加粗。但本题不能固定字体加粗/不加粗,应该将"对 FontBold 的赋值"与"复选按钮的状态"联系起来,随着复选框选中/不选中发生变化,若复选按钮选中则其 Value 值为1(转换为逻辑型为 True);若复选按钮未选中,则其 Value 值为0(转换为逻辑型为 False),因此答案是 D。

(8) 使用(　　)方法,可以将列表框 List1 中的所有项删除掉。

　　A. List1. Text＝""　　B. AddItem　　　　C. RemoveItem　　　　D. Clear

【答案】　D。

【解析】　答案 A.　列表框的 Text 属性是运行时选定的,列表项目的值是只读的。答案 B.　AddItem 方法用于向列表框中添加数据,利用该方法一次只能增加一个列表项。答案 C.　RemoveItem 方法用于删除列表框中指定的列表项,该方法一次只能删除一个列表项。答案 D.　Clear 方法用于清除列表框中的所有列表项。

(9) 向列表框中添加数据的方法是(　　)。

　　A. RemoveItem　　B. Add　　　　C. AddItem　　　　　D. Clear

【答案】　C。

(10) 为组合框 Combo1 增加一个列表项"电脑",下列语句正确的是(　　)。

　　A. Combo1. Text ＝ "电脑"　　　　　　B. Combo1. ListIndex ＝ "电脑"

　　C. Combo1. AddItem＝"电脑"　　　　　D. Combo1. ListCount ＝ "电脑"

【答案】　C。

(11) ListBox(列表框)控件的 ListIndex 属性的功能是(　　)。

　　A. 表示执行时选中的列表项的序号　　B. 表示列表框中项目的数量

　　C. 表示列表框中的内容　　　　　　　D. 表示判定列表项是否被选中

【答案】　A。

【解析】　答案 A.　ListIndex 属性返回当前选项的索引号,索引号从0开始。如果没有选项被选中,该属性为－1。答案 B.　ListCount 属性用于返回列表框中所有选项的个数。答案 C.　Text 属性用来直接返回当前选中的项目文本。List1. Text 的结果和 List1. List(List1. listIndex)表达式的结果完全相同。答案 D.　Selected 属性记录了列表中的选项是否被选中,取值为 True 或 False。例如:List1. Selected(3)＝True 表明列表框 List1 中的第4项被选中。

(12) 设窗体上有一个列表框控件 List1,且其中含有若干列表项。则以下能表示当前被选中的列表项内容的是(　　)。

　　A. List1. ListIndex　　　　　　　　　B. List1. ListCount

　　C. List1. List　　　　　　　　　　　D. List1. Text

【答案】　D。

(13) 为了使列表框中的项目呈多列显示,需要设置的属性为(　　)。

　　A. Columns　　　　　　　　　　　　B. Style

　　C. List　　　　　　　　　　　　　　D. MultiSelect

【答案】　A。

【解析】　答案 A.　Columns 属性,是否显示多列。答案 B.　Style 属性,其值可以设置为 0(标准样式)和 1(复选框样式)。答案 C.　List 属性可以得到列表中任何选项的值,它以数组的方式存在。例如:List1. List(1)＝ Item 表示列表框 List1 中第 2 项的值为 Item。答案 D.　MultiSelect 属性,表示同时选择多项。

(14) 设在窗体中有一个名称为 List1 的列表框,其中有若干个项目。要求选中某一项后单击 Command1 按钮,就删除选中的项,则正确的事件过程是(　　)。

    A. Private Sub Command1_Click()

    List1. Clear

    End Sub

    B. Private Sub Command1_Click()

    List1. Clear List1. ListIndex

    End Sub

    C. Private Sub Command1_Click()

    List1. RemoveItem List1. ListIndex

    End Sub

    D. Private Sub Command1_Click()

    List1. RemoveItem ListIndex

    End Sub

【答案】　C.

(15) 在窗体上画一个名称为 List1 的列表框,为了对列表框中的每个项目都能进行处理,应使用的循环语句为(　　)。

    A. For i＝0 to List1. count－1

    …

    Next i

    B. For i＝0 to List1. Listcount－1

    …

    Next i

    C. For i＝1 to List1. Listcount

    …

    Next i

    D. For i＝1 to List1. count

    …

    Next i

【答案】　B.

【解析】　索引号从 0 开始,因此应该循环到列表框中所有选项的个数－1。

(16) 在窗体上画一个名称为 List1 的列表框,一个名称为 Label1 的标签。列表框中显示若干城市的名称。当单击列表框中的某个城市名时,在标签中显示选中城市的名称。下列能正确实现上述功能的程序是(　　)。

    A. Private Sub List1_Click()

Label1. Caption＝List1. ListIndex

End Sub

B. Private Sub List1_Chilk()

Label1. Name＝List1. ListIndex

End Sub

C. Private Sub List1_Click()

Label1. Name＝List1. Text

End Sub

D. Private Sub List1_Click()

Label1. Caption＝List1. Text

End Sub

【答案】 D。

(17) 设在窗体上有 1 个名称为 Combo1 的组合框,含有 5 个项目,要删除最后一项,正确的语句是(   )。

A. Combo1. RemoveItem Combo1. Text

B. Combo1. RemoveItem Combo1. ListCount

C. Combo1. RemoveItem 4

D. Combo1. RemoveItem 5

【答案】 C。

(18) 关于图片框 Picture1 和图像框 Image1,以下叙述中错误的是(   )。

A. Picture1 是容器；Image1 不是容器

B. Picture1 能用 Print 方法显示文本,而 Image1 不能

C. Picture1 中的所有内容表示为 Picture1. picture；Picture1 中的图形表示为 Picture1. image

D. Picture1 用 Autosize 属性控制图片框的尺寸自动适应图片的大小；Image1 用 Stretch 属性对图片进行大小调整

【答案】 C。

【解析】 答案 C. 应该是 Picture1 中的所有内容表示为 Picture1. image；Picture1 中的图形表示为 Picture1. picture。

图片框 Picture1 的三个功能：(1)可做容器；(2)可用 Print,Line,Circle 等方法绘制文本或图形；删除图片中的文字使用语句：图片框对象名. Cls；(3)可显示图形,但不能伸缩图形。

图像框 Image 只能用于显示图形信息,但可伸缩图形。

(19) 复制图片框 picture1 里的所有内容到图片框 picture2 中,正确的语句是(   )。

A. picture2. picture＝ picture1. picture

B. picture2. picture ＝ picture1. image

C. picture2. image ＝ picture1. picture

D. picture2. image ＝ picture1. image

【答案】 B。

【解析】 图片框中的所有内容存储在 image 属性中,图形存储在 picture 属性中。向图片框中加载图片的两种方法:(1)设计阶段,在属性窗口直接设置 Picture 属性;(2)运行阶段,利用代码:图片框对象名. picture＝LoadPicture(图形文件名全路径)。

运行时删除图片,利用代码:图片框对象名. picture＝LoadPicture("")

(20) 在窗体上有两个图片框,名称分别为 Pic1 和 Pic2,在图片框 Pic1 中已装入了一个图形,并在 Pic1 中利用 Print 写入了一些文字,下列说法正确的是(   )。

    A. 若要删除 Pic1 中的图片,可使用语句:Pic1. Picture＝""

    B. 若要将 Pic1 中的全部内容复制到 Pic2 中,可使用语句:Pic2. Image ＝ Pic1. Image

    C. 若要将 Pic1 中的图片复制到 Pic2 中,可使用语句:Pic2. Picture＝Pic1. Image

    D. 若要清除 Pic1 中的文字信息,可使用语句:Pic1. Cls

【答案】 D。

(21) 假定在图片框 Picture1 中装入了一个图形,为了清除该图形(注意,清除图形,而不是删除图片框),应采用的正确方法是(   )。

    A. 选择图片框,然后按 Del 键

    B. 执行语句 Picture1. Picture ＝ LoadPicture("")

    C. 执行语句 Picture1. Picture ＝ ""

    D. 选择图片框,在属性窗口中选择 Picture 属性条,然后按 Enter 键

【答案】 B。

(22) 在窗体上画一个名称为 Timer1 的计时器控件,要求每隔 0.2 秒发生一次计时器事件,则以下正确的属性设置语句是(   )。

    A. Timer1. enabled＝200   B. Timer1. enabled＝0. 2

    C. Timer1. Interval＝0. 2   D. Timer1. Interval＝200

【答案】 D。

【解析】 计时器的 Interval 属性　时间间隔,指的是各个计时器事件之间的时间,以毫秒(ms)为基本单位。

(23) 下列控件中,没有 Width 和 Height 属性的是(   )。

    A. 框架   B. 计时器   C. 按钮   D. 文本框

【答案】 B。

【解析】 计时器没有 Width 与 Height 属性,其他控件有 Width 与 Height 属性。

(24) 在窗体上画一个文本框和一个计时器控件,名称分别为 Text1 和 Timer1,在属性窗口中把计时器的 Interval 属性设置为 1000,Enabled 属性设置为 False,程序运行后,如果单击命令按钮,则每隔一秒钟在文本框中显示一次当前的时间。以下是实现上述操作的程序:

```
Private Sub Command1_Click()
Timer1._____
End Sub
Private Sub Timer1_Timer()
Text1. Text = Time
End Sub
```

在_____处应填入的内容是(　　)。

A. Enabled＝True　　　　　　　B. Enabled＝False

C. Visible＝True　　　　　　　D. Visible＝False

【答案】　A。

【解析】　单击命令按钮,应该设置计时器可用,才会有每隔一秒钟在文本框中显示一次当前时间的现象。

(25)在窗体上画一个名称为Label1、标题为"VisualBasic考试"的标签,两个名称分别为Command1和Command2、标题分别为"开始"和"停止"的命令按钮,然后画一个名称为Timer1的计时器控件,并把其Interval属性设置为500。

编写如下程序:

```
Private Sub Form_Load()
Timer1.Enabled = False
End Sub
Private Sub Command1_Click()
Timer1.Enabled = True
End Sub
Private Sub Timer1_Timer()
If Label1.Left < Width Then
Label1.Left = Label1.Left + 20
Else
Label1.Left = 0
End If
End Sub
```

程序运行后,单击"开始"按钮,标签在窗体中移动。

对于这个程序,以下叙述中错误的是(　　)。

A. 标签的移动方向为自右向左

B. 单击"停止"按钮后再单击"开始"按钮,标签从停止的位置继续移动

C. 当标签全部移出窗体后,将从窗体的另一端出现并重新移动

D. 标签按指定的时间间隔移动

【答案】　A。

【解析】　标签的移动方向为自左向右,因为 Label1. Left = Label1. Left + 20 表明向右移。

(26)单击滚动条两端的箭头时,滚动条 Value 属性值的改变量由(　　)属性值决定。

A. LargeChange　　　　　　　　B. Max

C. SmallChange　　　　　　　　D. Min

【答案】　C。

【解析】　滚动条 Value 的属性值是滑块所处位置所代表的值。答案 A. LargeChange,最大变动值,单击空白处时移动的增量值。答案 B.　Max,最大值,32 768～32 767。答案 C.　SmallChange,最小变动值,单击箭头时移动的增量值。答案 D.　Min,最小值,32 768～32 767。

(27)表示滚动条控件取值范围最大值的属性是(　　)。

　　　A. Max　　　　　　B. Largechange　　C. Value　　　　　　D. Min

【答案】　A。

（28）关于滚动条下列说法中错误的是（　　）。

　　A. 滚动条有垂直滚动条和水平滚动条两种

　　B. 滚动条的最小值、最大值、最小变动值、最大变动值属性均可在属性窗口中
　　　设置

　　C. 滚动条所处的位置可由 Value 属性标识

　　D. 引发 Scroll 事件的同时，也引发 Change 事件

【答案】　D。

【解析】　三种情况可触发 Change 事件：

① 单击滚动条两端的箭头时；

② 单击滑块两边的空白处时；

③ 拖动滑块到某一位置放开鼠标时（注意：拖动滑块不会触发 Change 事件）

只有一种情况可触发 Scroll 事件　拖动滑块时会触发 Scroll 事件。

（29）关于滚动条下列说法正确的是（　　）。

　　A. 当单击滚动条两端的箭头时，会触发 Scroll 事件

　　B. 滚动条只能在文本框中使用

　　C. 滚动条的 SmallChange 属性是指单击滚动条两端的箭头时移动的值

　　D. 当拖动滚动条的滑块时会触发 Change 事件

【答案】　C。

（30）以下叙述错误的是（　　）。

　　A. 滚动条的重要事件是 Change 和 Scroll

　　B. 框架的主要作用是将控件进行分组，以完成各自相对独立的功能

　　C. 组合框是组合了文本框和列表框的特性而形成的一种控件

　　D. 计时器控件可以通过对 Visible 属性的设置，在程序运行期间显示在窗体上

【答案】　D。

（31）假定一个 VB 应用程序由一个窗体模块和一个标准模块构成。为了保存该应用
程序，以下正确的操作是（　　）。

　　A. 只保存窗体模块文件

　　B. 分别保存窗体模块、标准模块和工程文件

　　C. 只保存窗体模块和标准模块文件

　　D. 只保存工程文件

【答案】　B。

（32）以下关于多重窗体程序的叙述中，错误的是（　　）。

　　A. 用 Hide 方法不但可以隐藏窗体，而且能清除内存中的窗体

　　B. 在多重窗体程序中，各窗体的菜单是彼此独立的

　　C. 在多重窗体程序中，可以根据需要指定启动窗体

　　D. 对于多重窗体程序，保存时要单独保存每个窗体

【答案】　A。

【解析】 Hide 方法不能清除内存中的窗体。

(33) 如果一个工程含有多个窗体及标准模块,则以下叙述中错误的是(　　)。

    A. 任何时刻最多只有一个窗体是活动窗体

    B. 不能把标准模块设置为启动模块

    C. 用 Hide 方法只是隐藏一个窗体,不能从内存中清除该窗体

    D. 如果工程中含有 Sub Main 过程,则程序一定首先执行该过程

【答案】 D。

【解析】 工程中含有 Sub Main 过程,如果把 Sub Main 设置为启动对象,则程序一定首先执行该过程;不把 Sub Main 设置为启动对象,则程序首先执行设置为启动对象的过程。

(34) 在窗口 Form1 的单击鼠标事件过程中显示窗口 Form2,可使用的语句是(　　)。

    A. Form1. Show   B. Show

    C. Form2. Show   D. Me. Show

【答案】 C。

【解析】 窗体变量名.Show。

(35) 假定一个工程由一个窗体文件 Form1 和两个标准模块文件 Model1 及 Model2 组成。

Model1 代码如下:

```
Public x As Integer
Public y As Integer
Sub S1()
x = 1
S2
End Sub
Sub S2()
y = 10
Form1. Show
End Sub
```

Model2 的代码如下:

```
Sub Main()
S1
End Sub
```

其中 Sub Main 被设置为启动过程。程序运行后,各模块的执行顺序是(　　)。

    A. Form1->Model1->Model2   B. Model1->Model2->Form1

    C. Model2->Model1->Form1   D. Model2->Form1->Model1

【答案】 C。

【解析】 Sub Main 被设置为启动过程,则程序运行后,先执行该过程,Sub Main 在 Model2 中,因此 Model2 模块第一个执行。Model2 中执行完 Sub Main 后,往下执行 S1,调用 S1 过程,S1 过程在 Model1 中,因此 Model1 模块第二个执行。顺序执行 Model1 模块中的代码,调用 S2 过程,在 S2 过程的代码中,有 Form1. Show,因此 Form1 模块第三个

执行。

（36）某一 VB 工程含 F1 和 F2 两个窗体，执行"F1. Show：F2. Hide"语句后，F1 和 F2 窗体显示的结果为（　　）。

  A. 都显示   B. 都不显示

  C. 仅显示 F1 窗体   D. 仅显示 F2 窗体

【答案】 C。

【解析】 Show 方法显示窗体，Hide 方法隐藏窗体。

数 组

一、实验目的

(1) 掌握一维数组、二维数组的定义和应用。

(2) 掌握一维数组的选择排序方法、冒泡排序方法和顺序查询法。

(3) 掌握动态数组的定义和应用。

(4) 掌握控件数组的定义和应用。

(5) 掌握 For Each…Next 语句。

二、实验内容与操作指导

说明：在 E 盘下建立自己的学号文件夹，将完成以下题目的相关文件均存放到此文件夹下。

1. 一维数组的基本编程。单击窗体，用 InputBox 让用户输入 8 个数到数组中，并在窗体上输出显示以下内容：原数组、数组中所有元素的和、数组元素的平均值、数组中大于平均值的元素、数组中最大元素及所在下标、数组中最小元素及所在下标、将数组元素倒置。执行效果如图 6-1 所示。最后存盘，窗体文件名为 t1.frm，工程文件名为 t1.vbp，生成可执行程序文件 t1.exe。

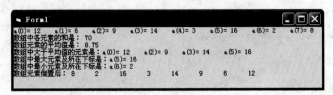

图 6-1　题目 1 的执行效果图

【操作过程】

(1) 启动 Visual Basic 6.0，新建一个工程。

(2) 双击窗体，进入代码窗口，此时系统自动给出窗体的单击事件处理过程框架，在过程中添加程序代码，实现各个功能。

```
Private Sub Form_Click()
```

```
Dim a(7) As Single          '定义数组
For i = 0 To 7              '用户输入8个数到数组中
    a(i) = Val(InputBox("输入 a(" & i & ")的值"))
Next i

For i = 0 To 7              '输出数组
    s = s + a(i)            '数组中所有元素的和
    Print "a(" & i & ") = "; a(i); "    ";
Next i
Print

Print "数组中各元素的和是: "; s
Print "数组元素的平均值是: "; s / 8

Print "数组中大于平均值的元素是: ";
For i = 0 To 7
    If a(i) > s / 8 Then
    Print "a(" & i & ") = "; a(i); "    ";
    End If
Next i

Print
Max = a(0): iMax = 0: Min = a(0): iMin = 0
    For i = 1 To 7
        If a(i) > Max Then     '数组中最大元素及所在下标
            Max = a(i)
            iMax = i
        End If
        If a(i) < Min Then     '数组中最小元素及所在下标
            Min = a(i)
            iMin = i
        End If
    Next i
    Print "数组中最大元素及所在下标是: "; "a(" & iMax & ") = "; a(iMax)
    Print "数组中最小元素及所在下标是: "; "a(" & iMin & ") = "; a(iMin)

For i = 0 To 7 \ 2          '数组元素倒置
    t = a(i)
    a(i) = a(7 - i)
    a(7 - i) = t
Next i

Print "数组元素倒置后: ";
For i = 0 To 7             '输出倒置后的数组元素
    Print a(i); "     ";
Next i
End Sub
```

(3) 运行程序,验证功能。

(4) 保存文件。单击"保存"按钮,窗体文件名为 t1.frm,工程文件名为 t1.vbp;单击

"文件"→"生成 t1. exe",生成可执行程序文件 t1. exe。

2. 二维数组的基本编程。单击窗体,二维数组a(1 to 4 , 1 to 4)中随机产生 20～90 之间的整数,并在窗体上输出显示以下内容:原数组 a、数组中所有元素的和、数组中最大元素及其所在的行和列、将数组转置输出显示。执行效果如图 6-2 所示。最后存盘,窗体文件名为 t2. frm,工程文件名为 t2. vbp,生成可执行程序文件 t2. exe。

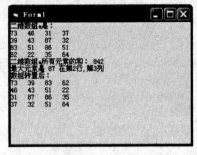

图 6-2 题目 2 的执行效果图

【操作过程】

(1) 启动 Visual Basic 6.0,新建一个工程。

(2) 双击窗体,进入代码窗口,此时系统自动给出窗体的单击事件处理过程框架,在过程中添加程序代码,实现各个功能。

```
Private Sub Form_Click()
Dim a(1 To 4, 1 To 4) As Integer    '定义数组
Randomize                           '随机产生 20～90 之间的整数到数组中
For i = 1 To 4
  For j = 1 To 4
    a(i, j) = Int(Rnd * 71) + 20
  Next j
Next i

Print "二维数组 a 是:"            '输出数组,控制格式为矩阵样式
For i = 1 To 4
  For j = 1 To 4
    Print Format(a(i, j), "!@@@@@");
    s = s + a(i, j)               '数组中所有元素的和
  Next j
Print
Next i
Print "二维数组 a 所有元素的和:"; s

Max = a(1, 1): row = 1: Col = 1          '数组中最大元素及所在下标
For i = 1 To 4
    For j = 1 To 4
        If a(i, j) > a(row, Col) Then
            Max = a(i, j)
            row = i
            Col = j
        End If
    Next j
Next i
Print "最大元素是"; Max; "在第" & row & "行,"; "第" & Col & "列"

For i = 1 To 4                  '数组转置
For j = i + 1 To 4
  Temp = a(i, j)
```

```
    a(i, j) = a(j, i)
    a(j, i) = Temp
  Next j
  Next i

  Print "数组转置后："         '输出转置后的数组元素
  For i = 1 To 4
    For j = 1 To 4
      Print Format(a(i, j), "!@@@@@");
    Next j
  Print
  Next i
End Sub
```

（3）运行程序，验证功能。

（4）保存文件。单击"保存"按钮，窗体文件名为
t2.frm，工程文件名为 t2.vbp；单击"文件"→"生成
t2.exe"，生成可执行程序文件 t2.exe。

3. 选择排序方法编程。单击"产生数组"按钮，在
标签中随机产生 10 个 10～100 之间的整数，单击"选
择排序"按钮，使用选择排序方法由大到小排序，在标
签中输出结果。执行效果如图 6-3 所示。最后存盘，
窗体文件名为 t3.frm，工程文件名为 t3.vbp，生成可
执行程序文件 t3.exe。

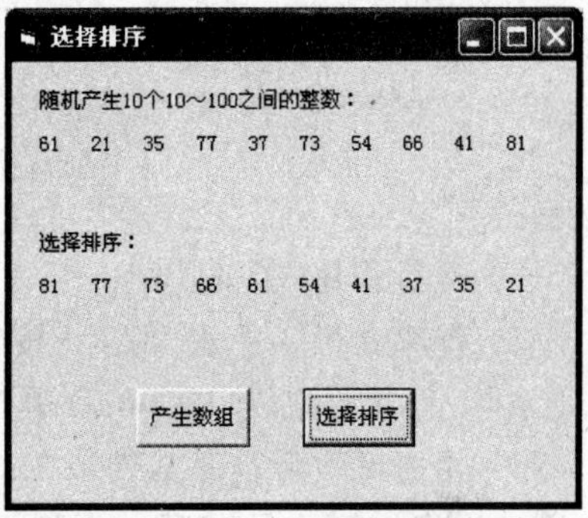

图 6-3　题目 3 的执行效果图

【操作过程】

（1）启动 Visual Basic 6.0，新建一个工程。

（2）添加控件，在属性窗口中设置各对象的属性，如表 6-1 所示。

表 6-1　属性设置

对象	属性	属性值	说明
Form1	Caption	选择排序	窗体的标题
Label1	Caption	随机产生 10 个 10～100 之间的 整数：	标签 1 的标题
Label2	Caption	选择排序：	标签 2 的标题
Label3	Caption		初始时内容为空
Label4	Caption		初始时内容为空
Command1	Caption	产生数组	命令按钮的标题
Command2	Caption	选择排序	命令按钮的标题

（3）进入代码窗口，在通用声明处定义数组 a，在按钮 Command1 和 Command2 的单击
事件过程中添加程序代码，实现功能。

```
Dim a(9) As Single                       '在通用声明处定义数组
Private Sub Command1_Click()
Randomize
Label3.Caption = ""
```

```
For i = 0 To 9                              '随机产生 10 个 10～100 之间的整数到数组中
    a(i) = Int(Rnd * 91) + 10
    Label3.Caption = Label3.Caption & a(i) & Space(3) '输出数组到 Label3
Next i
Label4.Caption = ""
End Sub
Private Sub Command2_Click()
 For i = 0 To 8                              '选择排序,由大到小
   For j = i + 1 To 9
     If a(i) < a(j) Then
       t = a(i)
       a(i) = a(j)
       a(j) = t
     End If
   Next j
 Next i
 For i = 0 To 9
    Label4.Caption = Label4.Caption & a(i) & Space(3)     '输出数组到 Label4
Next i
End Sub
```

（4）运行程序，验证功能。

（5）保存文件。单击"保存"按钮，窗体文件名为
t3.frm,工程文件名为 t3.vbp；单击"文件"→"生成
t3.exe",生成可执行程序文件 t3.exe。

4. 冒泡排序方法编程。在题目 3 的基础上，把
"选择排序"按钮改成"冒泡排序"按钮，单击"冒泡排
序"按钮，使用冒泡排序方法由大到小排序，在标签中
输出结果。执行效果如图 6-4 所示。最后存盘，窗体
文件名为 t4.frm,工程文件名为 t4.vbp,生成可执行
程序文件 t4.exe。

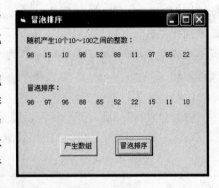

图 6-4　题目 4 的执行效果图

【操作过程】

（1）启动 Visual Basic 6.0,新建一个工程。

（2）添加控件，在属性窗口中设置各对象的属性，如表 6-2 所示。

表 6-2　属性设置

对象	属性	属 性 值	说　　明
Form1	Caption	冒泡排序	窗体的标题
Label1	Caption	随机产生 10 个 10～100 之间的整数：	标签 1 的标题
Label2	Caption	冒泡排序：	标签 2 的标题
Label3	Caption		初始时内容为空
Label4	Caption		初始时内容为空
Command1	Caption	产生数组	命令按钮的标题
Command2	Caption	冒泡排序	命令按钮的标题

（3）进入代码窗口，在通用声明处定义数组 a，按钮 Command1 的代码和题目 3 一样，在 Command2 的单击事件过程中添加如下程序代码，实现功能。

```
Private Sub Command2_Click()
 For i = 0 To 8      '冒泡排序，由大到小
   For j = 0 To 8 - i
     If a(j) < a(j + 1) Then
       t = a(j)
       a(j) = a(j + 1)
       a(j + 1) = t
     End If
   Next j
 Next i
 For i = 0 To 9
   Label4.Caption = Label4.Caption & a(i) & Space(3)      '输出数组到 Label4
 Next i
End Sub
```

（4）运行程序，验证功能。

（5）保存文件。单击"保存"按钮，窗体文件名为 t4.frm，工程文件名为 t4.vbp；单击"文件"→"生成 t4.exe"，生成可执行程序文件 t4.exe。

5．顺序查询方法编程。在题目 3 的基础上，把"选择排序"按钮改成"顺序查询"按钮，单击"顺序查询"按钮，由用户输入要查找的数，使用顺序查询方法，在标签中输出是否查找成功，如果成功是第几个数。执行效果如图 6-5 所示。最后存盘，窗体文件名为 t5.frm，工程文件名为 t5.vbp，生成可执行程序文件 t5.exe。

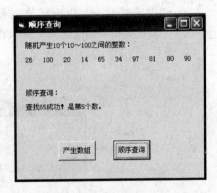

图 6-5　题目 5 的执行效果图

【操作过程】

（1）启动 Visual Basic 6.0，新建一个工程。

（2）添加控件，在属性窗口中设置各对象的属性，如表 6-3 所示。

表 6-3　属性设置

对　　象	属　　性	属 性 值	说　　明
Form1	Caption	顺序查询	窗体的标题
Label1	Caption	随机产生 10 个 10～100 之间的整数：	标签 1 的标题
Label2	Caption	顺序查询：	标签 2 的标题
Label3	Caption		初始时内容为空
Label4	Caption		初始时内容为空
Command1	Caption	产生数组	命令按钮的标题
Command2	Caption	顺序查询	命令按钮的标题

（3）进入代码窗口，在通用声明处定义数组 a，按钮 Command1 的代码和题目 3 一样，在 Command2 的单击事件过程中添加如下程序代码，实现功能。

```
Private Sub Command2_Click()
    b = Val(InputBox("请输入要查找的数", "顺序查询"))     '用户输入要查找的数
    For i = 0 To 9                                        '对数组进行顺序查询
        If b = a(i) Then
            f = 1                                         '查询成功标志
            Exit For
        End If
    Next i
    If f = 1 Then                                         '输出查询结果到Label4
        Label4.Caption = "查找" & b & "成功!是第" & i + 1 & "个数."
    Else
        Label4.Caption = "查找" & b & "不成功!数组中没有这个数."
    End If
End Sub
```

（4）运行程序，验证功能。

（5）保存文件。单击"保存"按钮，窗体文件名为 t5.frm，工程文件名为 t5.vbp；单击"文件"→"生成 t5.exe"，生成可执行程序文件 t5.exe。

6. 动态数组的编程：编写程序，在文本框中输入 16 以内的整数，按 Enter 键，在立即窗口中显示输出相应的杨辉三角形。执行效果如图 6-6 所示。最后存盘，窗体文件名为 t6.frm，工程文件名为 t6.vbp，生成可执行程序文件 t6.exe。

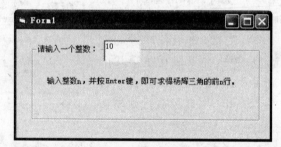

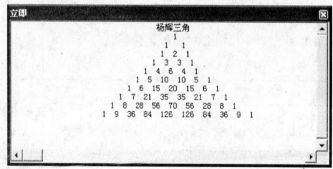

图 6-6　题目 6 的执行效果图

【操作过程】

（1）启动 Visual Basic 6.0，新建一个工程。

（2）添加控件，在属性窗口中设置各对象的属性，如表 6-4 所示。

表 6-4 属性设置

对象	属性	属性值	说明
Frame1	Caption	请输入一个整数:	窗体的标题
Text1	Text		初始时内容为空
Label1	Caption	输入整数 n,并按 Enter 键,即可求 得杨辉三角的前 n 行。	标签的标题

(3)进入代码窗口,在 Text1 的按下键盘事件 KeyPress 的事件过程中添加如下程序代码,实现功能。

```
Private Sub Text1_KeyPress(KeyAscii As Integer)
    Dim a()                               '定义动态数组
    Dim n As Integer
    If KeyAscii = 13 Then                 '按下 Enter 键
      n = Val(Text1.Text)
        If n > 16 Then
          MsgBox "请不要超过 16"
          Exit Sub
        End If

        ReDim a(n, n)                     '有了数组的确切维数和上下界,重新定义数组 a
        For i = 1 To n                    '杨辉三角形的第一列和对角线元素是 1
          a(i, 1) = 1
          a(i, i) = 1
        Next i
        Debug.Print Tab(34); "杨辉三角"     '输出杨辉三角形
        Debug.Print Tab(37); 1            '输出杨辉三角形的第 1 行
        Debug.Print Tab(35); 1; Spc(1); 1 '输出杨辉三角形的第 2 行
        For i = 3 To n                    '输出杨辉三角形的第 3 行到第 n 行
          Debug.Print Tab(40 - 2 * i);
          For j = 1 To i - 1
            a(i, j) = a(i - 1, j - 1) + a(i - 1, j)  '杨辉三角形的中间元素求值规律
            Debug.Print a(i, j);
          Next j
          Debug.Print a(i, i)
        Next i
    End If
End Sub
```

(4)运行程序,验证功能。

(5)保存文件。单击"保存"按钮,窗体文件名为 t6.frm,工程文件名为 t6.vbp;单击"文件"→"生成 t6.exe",生成可执行程序文件 t6.exe。

7.控件数组的编程:在字体样式、字体、大小 3 组单选按钮中进行选择,使文本框中的内容发生相应的设置。要求使用控件数组进行编程,执行效果如图 6-7 所示。最后存盘,窗体文件名为 t7.frm,工程文件名为 t7.vbp,生成可执行程序文件 t7.exe。

【操作过程】

(1)启动 Visual Basic 6.0,新建一个工程。

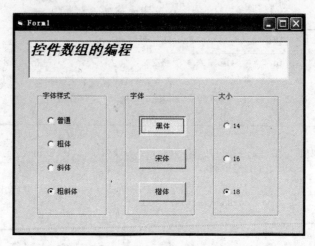

图 6-7 题目 7 的执行效果图

（2）添加控件，创建控件数组，在属性窗口中设置各对象的属性，如表 6-5 所示。

表 6-5 属性设置

对象	属性	属 性 值	说 明
Text1	Text		初始时文本框内容为空
Frame1	Caption	字体样式	框架 1 的标题
Frame2	Caption	字体	框架 2 的标题
Frame3	Caption	大小	框架 3 的标题
Option1(0)	Caption	普通	单选按钮数组 Option1 中第 1 项的标题
Option1(1)	Caption	粗体	单选按钮数组 Option1 中第 2 项的标题
Option1(2)	Caption	斜体	单选按钮数组 Option1 中第 3 项的标题
Option1(3)	Caption	粗斜体	单选按钮数组 Option1 中第 4 项的标题
Option2(0)	Caption	黑体	单选按钮数组 Option2 中第 1 项的标题
Option2(1)	Caption	宋体	单选按钮数组 Option2 中第 2 项的标题
Option2(2)	Caption	楷体	单选按钮数组 Option2 中第 3 项的标题
Option2(0)	Style	1-Graphical	3 个单选按钮的样式为按钮样式
Option2(1)			
Option2(2)			
Option3(0)	Caption	14	单选按钮数组 Option3 中第 1 项的标题
Option3(1)	Caption	16	单选按钮数组 Option3 中第 2 项的标题
Option3(2)	Caption	18	单选按钮数组 Option3 中第 3 项的标题

（3）双击单选按钮 Option1，进入代码窗口，此时系统自动给出单选按钮数组 Option1 的单击事件处理过程框架，括号中的参数 Index 是索引值，区分数组中的每一项，从 0 开始。在过程中添加如下程序代码，实现功能。

```
Private Sub Option1_Click(Index As Integer)
'"字体样式"单选按钮数组的单击事件
Select Case Index                          '根据索引值进行选择
```

```
 Case 0                                  '当选中 Option1 数组中的第一项"普通"时
   Text1.FontBold = False
   Text1.FontItalic = False
 Case 1
   Text1.FontBold = True
   Text1.FontItalic = False
 Case 2
   Text1.FontBold = False
   Text1.FontItalic = True
 Case 3
   Text1.FontBold = True
   Text1.FontItalic = True
End Select
End Sub


Private Sub Option2_Click(Index As Integer)   '"字体"单选按钮数组的单击事件
Select Case Index                             '根据索引值进行选择
Case 0
 Text1.FontName = "黑体"
 Case 1
   Text1.FontName = "宋体"
Case 2
 Text1.FontName = "楷体_gb2312"
End Select
End Sub


Private Sub Option3_Click(Index As Integer)
 '"大小"单选按钮数组的单击事件
Select Case Index                             '根据索引值进行选择
Case 0
 Text1.FontSize = 14
 Case 1
   Text1.FontSize = 16
Case 2
 Text1.FontSize = 18
End Select
End Sub
```

（4）运行程序，验证功能。

（5）保存文件。单击"保存"按钮，窗体文件名为 t7. frm，工程文件名为 t7. vbp；单击"文件"→"生成 t7. exe"，生成可执行程序文件 t7. exe。

8. For Each…Next 语句的编程。单击"计算"按钮时，使用 For Each…Next 循环语句，计算 1！＋2！＋3！＋…＋10！的值，把结果输出到标签中显示。执行效果如图 6-8 所示。最后存盘，窗体文件名为 t8. frm，工程文件名为 t8. vbp，生成可执行程序文件 t8. exe。

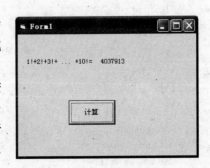

图 6-8　题目 8 的执行效果图

【操作过程】

（1）启动 Visual Basic 6.0,新建一个工程。

（2）添加控件,在属性窗口中设置各对象的属性,如表 6-6 所示。

表6-6　属性设置

对象	属性	属 性 值	说　　明
Label1	Caption	1!＋2!＋3!＋…＋10!＝	标签的标题
Label2	Caption		初始时内容为空
Command1	Caption	计算	命令按钮的标题

（3）双击按钮 Command1,进入代码窗口,在 Command1 的单击事件过程中添加如下程序代码,实现功能。

```
Private Sub Command1_Click()
Dim a&(1 To 10), t&, n%, x
  t = 1
  For n = 1 To 10      '将 n!的值存入数组元素
    t = t * n
    a(n) = t
  Next n
  Sum = 0
  For Each x In a      '变量 x 为 Variant 型
    Sum = Sum + x      '累加
  Next x
Label2.Caption = Sum
End Sub
```

（4）运行程序,验证功能。

（5）保存文件。单击"保存"按钮,窗体文件名为 t8.frm,工程文件名为 t8.vbp;单击"文件"→"生成 t8.exe",生成可执行程序文件 t8.exe。

三、选做题（提高）

1. 设计一个可以完成整数的加、减、乘、除运算的简易计算器。执行效果如图 6-9 所示。最后存盘,文件名自定。

【提示】

程序中计算器的 10 个数字键和加、减、乘、除 4 个运算键可以设置为两组命令按钮控件数组,等号键单独设置一个命令按钮控件。

把 10 个数字键设置为一组命令按钮控件数组 Command1,将按下的数字键对应的数字存入 num2,部分代码如下:

```
Private Sub Command1_Click(Index As Integer)
    Select Case Index
      Case 0
        num2 = num2 & "0"
```

```
      Case 1
        num2 = num2 & "1"
        …
   End Select
   Text1.Text = num2
End Sub
```

图 6-9 选做题目 1 执行效果图

把 4 个运算键设置为一组命令按钮控件数组 Command2，用 Falg 存放运算符按钮的索引号，是 0,1,2,3 其中之一，部分代码如下：

```
Private Sub Command2_Click(Index As Integer)
   Falg = Index
     …
End Sub
```

把等号命令按钮设置为 Command3，单击事件的部分代码如下：

```
Private Sub Command3_Click()
   If flag = 0 Then        '判断按下过哪个运算键
     Text1.Text = Val(num1) + Val(num2)
   End If
     …
End Sub
```

2. 求 n×n 方阵的两个对角线元素的和，n 由用户输入，方阵的元素由系统随机生成两位整数，把该方阵以及两个对角线元素的和输出到窗体中显示。执行效果如图 6-10 所示。最后存盘，文件名自定。

【提示】

(1) 对角线元素如何表示 左上至右下的主对角线元素是 a(i,i)，左下至右上的副对角线元素是 a(i,UBound(a)−i+1)。

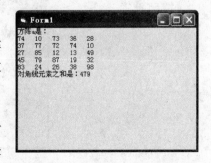

图 6-10 选做题目 2 执行效果图

（2）考虑 n×n 方阵，n 如果是奇数，两条对角线交叉于中间一点，中间点元素多加了一次，因此最后要减去中间点元素；n 如果是偶数，两条对角线无交叉，所求的就是对角线元素的和，代码如下所示。

```
Private Sub Form_Click()
Dim a(), n As Integer
n = Val(InputBox("输入 n×n 方阵,n 的值"))
ReDim a(n, n)
Randomize
For i = 1 To n
  For j = 1 To n
    a(i, j) = Int(Rnd * 91) + 10
  Next j
Next i

Print "方阵 a 是: "
For i = 1 To n
  For j = 1 To n
    Print Format(a(i, j), "!@@@@@");
    Next j
Print
Next i

For i = 1 To n
    s = s + a(i, i) + a(i, UBound(a) - i + 1)
Next i
If n Mod 2 = 0 Then
    Print "对角线元素之和是: " & s
Else
    Print "对角线元素之和是: " & s - a(Round(n / 2), Round(n / 2))
End If
End Sub
```

3. 找出二维数组 n×m 中的"鞍点"。"鞍点"是指它在本行中值最大，在本列中值最小。输出鞍点、鞍点的行、列，有可能找不到鞍点，输出"无"。两个对角线元素的和以及 n 由用户输入，方阵的元素由系统随机生成两位整数，把该方阵以及两个对角线元素的和输出到窗体中显示。执行效果如图 6-11 所示。最后存盘，文件名自定。

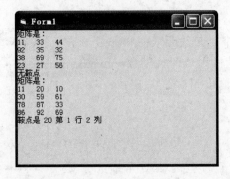

图 6-11　选做题目 3 执行效果图

【提示】

（1）动态数组的应用，二维数组 n×m，刚开始 n 和 m 的值未知，应该定义成动态数组，当用户输入 n 和 m 的值后，该二维数组上下界确定，ReDim a(n，m)即可。

（2）鞍点的判断思路：对行循环，在每一行中，求本行中的最大值，记在 Max 中，row 存储本行中最大值的行数，col 存储本行中最大值的列数。然后在本列中判断是否是最小值，与 col 列的其他值比较。如果有比 Max 大的值，跳出当前行，进行下一行判断；如果没有比 Max 大的值，说明该值即是鞍点代码如下所示。

```
Private Sub Form_Click()
Dim a(), n As Integer, m As Integer, k As Integer, num As Integer
n = Val(InputBox("输入 n×m 矩阵,n 的值"))
m = Val(InputBox("输入 n×m 矩阵,m 的值"))
num = 0
ReDim a(n, m)
Randomize
For i = 1 To n
  For j = 1 To m
    a(i, j) = Int(Rnd * 90) + 10
  Next j
Next i

Print "矩阵是: "
For i = 1 To n
  For j = 1 To m
    Print Format(a(i, j), "!@@@@@");
   Next j
Print
Next i


For i = 1 To n
  Max = a(i, 1)
  row = i
  col = 1
  For j = 1 To m
    If a(i, j) > a(row, col) Then
        Max = a(i, j)
        row = i
        col = j
    End If
   Next j
  For k = 1 To n
    If a(k, col) < a(row, col) Then Exit For
  Next k
  If k = n + 1 Then
    Print "鞍点是"; a(row, col); "第"; row; "行"; col; "列"
    num = num + 1
  End If
Next i
```

```
If num = 0 Then Print "无鞍点"
End Sub
```

四、常见错误提示

1. 数组未定义错误

数组在使用前必须要定义,以题目 8 为例,当运行程序时,系统弹出如图 6-12 所示的错误提示对话框。

单击提示对话框中的"确定"按钮,系统会标示出错误所在的位置,如图 6-13 所示,检查发现数组 a 在使用前没有定义,在 Dim 处加上定义即可。

图 6-12 "要求对象"错误提示对话框　　　　图 6-13 "对象名错误"代码窗口

2. 数组下标越界错误

数组下标越界是一个程序初学者最容易犯的错误之一。以题目 8 为例,当运行程序时,系统弹出如图 6-14 所示的错误提示对话框。

在错误提示对话框中单击"调试"按钮,系统会标示出错误语句,如图 6-15 所示。a(n) = t 这句中,正确的下标 n 的范围应该是从 1 开始,到 10 结束,因为数组定义时 Dim a&(1 To 10)已经表明。但是检查代码,发现 For 循环的变量定义为"For n = 1 To 11",11 超出了 10,因此产生一个 a(11)的错误,即数组下标越界。

图 6-14 "属性的使用无效"错误提示对话框　　　　图 6-15 "对象属性引用错误"代码窗口

五、练习题与解析

(1) 数组的下标可取的数据类型是（　　）。

    A. 数值型　　　　　　B. 字符型　　　　　　C. 日期型　　　　　　D. 可变型

【答案】　A。

【解析】　每个元素用下标变量来区分，下标代表元素在数组中的位置，所以要求下标是数值型数据。

(2) 定义数组语句 Dim a(3 to 4,2 to 5)，该数组中数组元素的个数是（　　）。

    A. 20　　　　　　　　B. 16　　　　　　　　C. 8　　　　　　　　D. 10

【答案】　C。

【解析】　$(4-3+1) \times (5-2+1)=8$。

(3) 使用下边的语句 Dim a(1 to 4,8)As Integer，由它定义的数组元素个数是（　　）。

    A. 19　　　　　　　　B. 32　　　　　　　　C. 36　　　　　　　　D. 38

【答案】　C。

【解析】　第二维下标下界省略，则默认为 0，$(4-1+1) \times (8-0+1)=36$。

(4) 如果有声明 Dim a(5,1 to 5) As Integer(在模块的通用声明位置处无 Option Base 语句)，则该数组在内存中占据的字节数是（　　）。

    A. 25　　　　　　　　B. 30　　　　　　　　C. 50　　　　　　　　D. 60

【答案】　D。

【解析】　$(5-0+1) \times (5-1+1) \times 2=60$。

(5) 控制数组默认下界的语句是（　　）。

    A. Base Option n　　　　　　　　　　　B. Explicit Option

    C. Option Explicit　　　　　　　　　　D. Option Base n

【答案】　D。

【解析】　注意其中的 n 只能取 0 或者 1。

(6) 下列有关数组的说法正确的是（　　）。

    A. 数组的维下界不可以是负数

    B. 模块通用声明处有 Option Base 1，则模块定义语句 Dim A(0 To 5)会与之冲突

    C. 模块通用声明处有 Option Base 1，模块中有 Dim A(0 To 5)，则 A 数组第一维下界为 0

    D. 模块通用声明处有 Option Base 1，模块中有 Dim A(0 To 5)，则 A 数组第一维下界为 1

【答案】　C。

【解析】　Option Base 1 是控制数组默认下界为 1 的语句，即定义时没有给出下界时，默认下界为 1；如果定义时给出下界，则以定义为准。

(7) 关于数组，以下正确的是（　　）。

    A. 在某事件过程内部，利用 Private 关键字定义的数组称为局部数组

    B. 数组声明时下标的下界可以省略，可以用 Option Base n 语句控制下界，n 可取

　　　　　　任意整数值

　　　C. 数组元素的下标可以是 Single 类型的常数

　　　D. 固定数组的元素个数可以改变

【答案】 C。

(8) 以下关于数组的描述不正确的是(　　　)。

　　　A. 可变数组元素可以存放不同类型的数据

　　　B. 数组的下标可取的变量类型是数值型

　　　C. 数组可以在过程中定义,也可以在模块的通用声明位置处定义

　　　D. 若有语句 Dim a(10) As Integer,其中数字 10 表示此数组的长度是 10

【答案】 D。

【解析】 数字 10 表示的是一维的上界。

(9) 下列语句中的(　　　)语句可以用来声明一个动态数组。

　　　A. Private A(n) As Integer　　　　　　B. Dim A(1 to n)

　　　C. Dim A(,) As Integer　　　　　　　D. Dim a() As Integer

【答案】 D。

【解析】 动态数组声明不指明维数和下标界限。

(10) 下面的数组声明语句中,正确的是(　　　)。

　　　A. Dim MA[1,5] As String　　　　　　B. Dim MA[1 to 5,2 to 5] As String

　　　C. Dim MA(1:5,1:5) As String　　　　　D. Dim MA(1 to 5) As String

【答案】 D。

【解析】 VB 中数组的声明格式如下。

```
Dim 数组名([<下界>] to <上界>,[<下界> to ]<上界>,…) [As <数据类型>]
```

(11) 以下有关数组定义的语句序列中,错误的是(　　　)。

　　　A. Static arr1(3)

　　　　　arr1(1) = 100

　　　　　arr1(2) = "Hello"

　　　　　arr1(3) = 123.45

　　　B. Dim arr2() As Integer

　　　　　Dim size As Integer

　　　　　Private Sub Command2_Click()

　　　　　size = InputBox("输入：")

　　　　　ReDim arr2(size)

　　　　　…

　　　　　End Sub

　　　C. Option Base 1

　　　　　Private Sub Command3_Click()

　　　　　Dim arr3(3) As Integer

　　　　　…

　　　End Sub

　　D. Dim n As Integer

　　　Private Sub Command4_Click()

　　　Dim arr4(n) As Integer

　　　…

　　　End Sub

【答案】 D。

【解析】 定义数组时,下标的下界和上界值只能是常数或常数表达式。

(12) 以下关于数组的描述不正确的是( )。

　　A. 数组中可以存放不同类型的数据

　　B. 数组的下标可取的变量类型是数值型

　　C. 动态数组中,用 Preserve 不能保留数组中原来的数据

　　D. Dim a( ) As Integer 语句是定义了一个动态数组

【答案】 C。

【解析】 动态数组中,用 Preserve 保留数组中原来的数据。

(13) 以下关于数组的描述不正确的是( )。

　　A. 数组元素在内存空间上是连续存放的

　　B. 数组在使用前必须要定义

　　C. 动态数组中,用 Preserve 能保留数组中原来的数据

　　D. 动态数组中,第 2 次使用 Redim Preserve 能改变每一维的上界

【答案】 D。

【解析】 Redim Preserve 只能改变末维的上界。

(14) 已执行语句:

```
Dim a()
Redim a(10,15)
```

在此之后,若分别使用下列 Redim 语句,则哪些语句有错误?( )

```
Redim Preserver a(10, Ubound(a) + 1)        '语句①
Redim a(Ubound(a) + 1,10)                    '语句②
Redim Preserver a(Ubound(a) + 1,10)         '语句③
Redim a(10)                                  '语句④
```

　　A. 语句①③　　　B. 语句③④　　　C. 语句①②③　　　D. 语句①②③④

【答案】 B。

【解析】 求数组的上界 Ubound( )函数,下界 Lbound( )函数,分别用来确定数组某一维的上界和下界值。使用形式如下:

```
UBound(<数组名>[, <N>])        LBound(<数组名> [, <N>])
```

其中:

<数组名>　　数组变量的名称,遵循标准变量命名约定。

<N>　可选的;一般是整型常量或变量。指定返回哪一维的上界。1 表示第一维,2

表示第二维，如此等等。如果省略则默认是1。

（15）以下关于动态数组的描述不正确的是（　　）。

A. 语句 Dim a() As Integer，定义了一个动态数组，此时并不分配内存

B. Redim 语句必须在过程内部使用

C. 动态数组中，用 Preserve 能保留数组中原来的数据

D. 动态数组中，第2次使用 Redim Preserve 能改变每一维的上界

【答案】 D。

（16）以下定义数组或给数组元素赋值的语句中，正确的是（　　）。

A. Dim a As Variant

　　a＝Array(1,2,3,4,5)

B. Dim a(10) As Integer

　　a＝Array(1,2,3,4,5)

C. Dim a%(10)

　　a(1)＝"ABCDE"

D. Dim a(3)As Integer,b(3) As Integer

　　a(0)＝0

　　b＝a

【答案】 A。

【解析】 Array 函数：可方便地对数组整体赋值，但它只能给声明为 Variant 的变量或仅由括号括起来的动态数组赋值。赋值后的数组大小由赋值的个数决定。

例如，要将1,2,3,4,5,6,7 这些值赋值给数组 a，可使用下面的方法赋值。

```
Dim a()
A = array(1,2,3,4,5,6,7)
Dim a
A = array(1,2,3,4,5,6,7)
```

（17）数组 a(1 to 10)中已经有值，下面的程序完成的功能是（　　）。

```
For i = 1 To 9
  For j = i + 1 To 10
    If a(i) < a(j) Then
      t = a(i): a(i) = a(j): a(j) = t
    End If
  Next j
 Next i
```

A. 对数组 a 用冒泡排序法由大到小排序

B. 对数组 a 用选择排序法由大到小排序

C. 对数组 a 用冒泡排序法由小到大排序

D. 对数组 a 用选择排序法由小到大排序

【答案】 B。

【解析】 "选择排序"算法思想：

① 对有 n 个数的序列(存放在数组 a(n)中)，从中选出最小(升序)或最大(降序)的数，

与第 1 个数交换位置；

② 除第 1 个数外，其余 n−1 个数中选最小或最大的数，与第 2 个数交换位置；

③ 依次类推，选择了 n−1 次后，这个数列已按升序排列。

（18）数组 a(1 to 10) 中已经有值，则下面的程序完成的功能是（　　）。

```
For i = 1 To 9
  For j = 1 To 10 - i
    If a(j) < a(j + 1) Then
      t = a(j): a(j) = a(j + 1): a(j + 1) = t
    End If
  Next j
Next i
```

A. 对数组 a 用冒泡排序法由大到小排序

B. 对数组 a 用选择排序法由大到小排序

C. 对数组 a 用冒泡排序法由小到大排序

D. 对数组 a 用选择排序法由小到大排序

【答案】　A。

【解析】　"冒泡排序"算法思想：

① 有 n 个数（存放在数组 a(n) 中），第一趟将每相邻两个数比较，大的调到前头，经 n−1 次两两相邻比较后，最小的数已"沉底"，放在最后一个位置，大数上升"浮起"；

② 第二趟对余下的 n−1 个数（最小的数已"沉底"）按步骤①的方法比较，经 n−2 次两两相邻比较后得次小的数；

③ 依次类推，n 个数共进行 n−1 趟比较，在第 j 趟中要进行 n−j 次两两比较。

（19）下列程序段的执行结果为（　　）。

```
Dim M(10), N(10)
For T = 1 To 5
    M(T) = 2 * T
    N(T) = T + M(T)
Next T
Print N(T - 1); M(T - 1)
```

A. 5　15　　　　　B. 15　5　　　　　C. 15　10　　　　　D. 10　15

【答案】　C。

【解析】　退出循环时 T 的值为 6，即要求输出数组元素 N(5) 与 M(5) 的值，而 M(5) = 2×5 = 10，N(5) = 5 + M(5) = 15，注意输出时的次序。

（20）下列程序段的执行结果为（　　）。

```
Dim A(3,3)
For M = 0 to 3
  For N = 0 to 3
      If N = M Or N = 3 - M + 1 Then A(M,N) = 1 Else A(M,N) = 0
  Next N
Next M
For M = 0 to 3
    For N = 0 to 3
```

```
        Print A(M,N);
      Next N
      Print
    Next M
```

　　A. 1 0 0 1　　　　　B. 1 0 0 0　　　　　C. 1 0 1　　　　　D. 1 0 0
　　　0 1 1 0　　　　　　0 1 0 1　　　　　　0 1 0　　　　　　0 1 0
　　　0 1 1 0　　　　　　0 0 1 0　　　　　　1 0 1　　　　　　0 0 1
　　　1 0 0 1　　●　　　0 1 0 1

【答案】　B。

【解析】　二维数组用二重循环来控制,注意行列下标间的关系。本题输出时的物质循环是 For M＝0 to 3 和 For N＝0 to 3,可见是 4×4 矩阵,只须判断 A(0,3) 的值即可得出答案。

　　(21) 在窗体上画一个名称为 Command1 的命令按钮,然后编写如下事件过程:

```
Private Sub Command1_Click()
  Dim a(0 to 4) As Integer
  a(0) = 1:a(1) = 2:a(2) = 3:a(3) = 4:a(4) = 5
  For i = 1 To 4
    a(i) = a(i) + i - 1
  Next i
  Print a(3)
End Sub
```

　　程序运行后,单击命令按钮,则在窗体上显示的内容是(　　)。
　　A. 4　　　　　　　B. 5　　　　　　　C. 6　　　　　　　D. 7

【答案】　C。

【解析】　a(3)＝a(3)＋3－1＝4＋3－1＝6。

　　(22) 程序执行如下语句后

```
Dim a(3, 3) As Integer
Dim i As Integer, j As Integer
For i = 1 To 3
  For j = 1 To i
    a(i, j) = i + j
  Next j
Next i
Text1.Text = a(1, 1) + a(2, 2) + a(3, 3)
```

则在文本框中显示的是(　　)。
　　A. 12　　　　　　B. 13　　　　　　C. 14　　　　　　D. 15

【答案】　A。

【解析】　因为 a(i,j)＝i＋j,所以 a(1,1)＝1＋1＝2,a(2,2)＝2＋2＝4,a(3,3)＝3＋3＝6。

　　(23) 在窗体上画一个名称为 Command1 的命令按钮,然后编写如下事件过程:

```
Private Sub Command1_Click()
  Dim a(0 to 4) As Integer
```

```
a(0) = 5:a(1) = 4:a(2) = 3:a(3) = 2:a(4) = 1
For i = 3 To 0 Step −1
  a(i) = a(i + 1) − 1
Next i
Print a(3)
End Sub
```

程序运行后,单击命令按钮,则在窗体上显示的内容是(　　)。

A. 0　　　　　　　B. 1　　　　　　　C. 2　　　　　　　D. 3

【答案】　A。

【解析】　a(3)=a(3+1)−1=1−1=0。

(24) 在窗体上画一个命令按钮(其 NAME 属性为 Command1),然后编写如下代码:

```
Private Sub Command1_Click()
  Dim a
  s = 0
  a = Array(1,2,3,4)
  j = 1
  For i = 3 To 0 Step −1
    s = s + a(i) * j
    j = j * 10
  Next i
  Print s
End Sub
```

运行上面的程序,单击命令按钮,其输出结果是(　　)。

A. 4321　　　　　B. 1234　　　　　C. 34　　　　　　D. 12

【答案】　B。

【解析】　Array 函数对数组 a 整体赋值后,a(0)=1,a(1)=2,a(2)=3,a(3)=4。

i=3 时　s=0+ a(3)×1=0+4×1=4;j=1×10=10;

i=2 时　s=4+ a(2)×10=4+3×10=34;j=10×10=100;

i=1 时　s=34+ a(1)×100=34+2×100=234;j=100×10=1000;

i=0 时　s=234+ a(0)×1000=234+1×1000=1234;j=1000×10=10000;

(25) 在窗体上用复制、粘贴的方法建立了一个命令按钮数组,数组名为 ComTest1。设窗体 Form1 标题为 MyForm1,双击控件数组中的第 3 个按钮,打开代码编辑器,编写如下代码:

```
Private Sub ComTest1_Click(Index As Integer)
Form1.Caption = "MyForm2"
End Sub
```

运行时,单击按钮数组中的第 1 个按钮,则窗体标题显示为(　　)。

A. Form1　　　　B. ComTest1　　　C. MyForm1　　　D. MyForm2

【答案】　D。

【解析】　ComTest1 是数组名,单击按钮数组中的第 1 个按钮,即执行 ComTest1 的 Click 事件代码,因此标题显示为 MyForm2。括号中的参数 Index 是索引值,用来区分数组中的每一项,从 0 开始。

(26) 在窗体上画 3 个单选按钮,组成一个名为 chkOption 的控件数组。用于标识各个控件数组元素的参数是( )。

    A. Tag   B. Index   C. ListIndex   D. Name

【答案】 B。

(27) 若窗体中已经有若干个不同的单选按钮,要把它们改为一个单选按钮数组,在属性窗口中需要且只需要进行的操作是( )

    A. 把所有单选按钮的 Index 属性改为相同值

    B. 把所有单选按钮的 Index 属性改为连续的不同值

    C. 把所有单选按钮的 Caption 属性值改为相同

    D. 把所有单选按钮的名称改为相同,且把它们的 Index 属性改为连续的不同值

【答案】 D。

【解析】 答案 A 和 B 只改变 Index 属性值,不能使多个单选按钮变为一个单选按钮数组,如果把单选按钮 Option1 的 Index 属性改为 1,则该单选按钮变为 Option1(1),如果把单选按钮 Option2 的 Index 属性改为 1,则该单选按钮变为 Option2(1),是两个数组,不是同一数组。答案 C. 的 Caption 属性是标题。

(28) 假定建立了一个名为 Command1 的命令按钮数组,则以下说法中错误的是( )。

    A. 数组中每个命令按钮的名称(名称属性)均为 Command1

    B. 数组中每个命令按钮的标题(Caption 属性)都一样

    C. 数组中所有命令按钮可以使用同一个时间过程

    D. 用名称 Command1(下标)可以访问数组中的每个命令按钮

【答案】 B。

(29) 窗体上有一个名称为 Text1 的文本框,有一个由 3 个单选按钮构成的控件数组,名称为 Option1,3 个单选按钮的标题分别为"10","20","30"。程序运行后,如果单击某个单选按钮,则文本框中的字体大小改为与所单击的单选按钮标题指示的字号大小。为实现上述功能,在程序的? 处应填入的内容是( )。

```
Private Sub Option1_Click(Index As Integer)
    Select Case ?
        Case 0
            Text1.FontSize = 10
        Case 1
            Text1.FontSize = 20
        Case 2
            Text1.FontSize = 30
    End select
End sub
```

    A. Index   B. Option1. value

    C. Option1. Index   D. Option1(Index). value

【答案】 A。

(30) 设有如下代码：

```
Private Sub Command1_Click()
Dim a(1 to 30) As Integer,arr1 As Integer
For i = 1 to 30
    a(i) = Int(Rnd * 100)
Next i
For each arr1 In a
    If arr1 Mod 7 = 0 Then Print arr1;
    If arr1 > 90 Then Exit for
Next
End Sub
```

下列说法中,错误的是(　　)。

A. 数组 a 中的数据是 30 个[1,100]内的随机整数

B. 语句 For each arr1 In a 有语法错误

C. 语句 If arr1 Mod 7＝0 Then Print arr1；功能是输出数组中能够被 7 整除的数

D. 语句 If arr1＞90 Then Exit for 的作用是当数组元素的值大于 90 时退出 For 循环

【答案】 A。

【解析】 变量 arr1 应该为 Variant 型。

实验七

过程的创建和使用

一、实验目的

(1) 掌握 Sub 子过程的建立和两种调用方式。

(2) 掌握 Function 函数过程的建立和三种调用方式。

(3) 掌握两种参数传递方法：值传递与地址传递。

(4) 理解过程的嵌套调用与递归调用。

(5) 理解变量和过程的作用域。

二、实验内容与操作指导

说明：在 E 盘下建立自己的学号文件夹，将完成以下题目的相关文件均存放到此文件夹下。

1. 阶乘的过程编程：输入两个整数 m 和 n，求组合数 $C_m^n = \dfrac{m!}{n!\ (m-n)!}$。要求用 4 种方法：一是建立求阶乘的 Sub 子过程求组合数；二是建立求阶乘的 Function 函数过程求组合数；三是用过程的嵌套；四是用过程的递归调用。执行效果如图 7-1 所示。最后存盘，窗体文件名为 t1.frm，工程文件名为 t1.vbp，生成可执行程序文件 t1.exe。

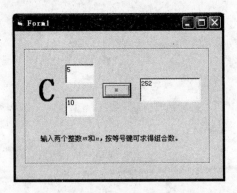

图 7-1　题目 1 的执行效果图

【操作过程】

(1) 启动 Visual Basic 6.0，新建一个工程。

（2）添加控件，在属性窗口中设置各对象的属性，如表 7-1 所示。

表 7-1　属性设置

对 象	属 性	属 性 值	说 明
Frame1	Caption		框架的标题为空
Label1	Caption	C	标签 1 的标题
	Font	粗体、初号字	标签 1 的字体设置
Label2	Caption	输入两个整数 m 和 n，按等号键可求得组合数。	标签 2 的标题
Text1、Text2、Text3	Text		初始时文本框内容为空
Command1	Caption	=	命令按钮的标题

（3）方法一：进入代码窗口，编写求阶乘的 Sub 子过程 jch1，求 x 的阶乘，结果存在 p 中，代码如下所示。

```
Sub jch1(n As Integer, p As Double)
  Dim i As Integer
  p = 1
  For i = 1 To x
    p = p * i
  Next i
End Sub
```

双击按钮"＝"，进入代码窗口，此时系统自动给出按钮 Command1 的单击事件处理过程框架，在过程中添加如下程序代码，实现功能。

```
Private Sub Command1_Click()
  Dim m As Integer, n As Integer
  Dim c As Double, d As Double, e As Double
  n = Val(Text1.Text)        '接收 n 和 m 的值
  m = Val(Text2.Text)
  Call jch1(m, c)            '调用求阶乘的 Sub 子过程 jch1,求 m 的阶乘,结果存在 c 中
  jch1 n, d                 '调用 jch1,求 n 的阶乘,结果存在 d 中
  Call jch1(m - n, e)
  Text3.Text = c / (d * e) '求组合数
End Sub
```

（4）注释已有的代码，编写方法二的程序。

方法二：进入代码窗口，编写求阶乘的函数过程 jch2，求 x 的阶乘，代码如下所示。

```
Function jch2(x As Integer) As Double
    Dim i As Integer, t As Double
    t = 1
    For i = 1 To x
        t = t * i
    Next i
    jch2 = t
End Function
```

双击按钮"＝"，进入代码窗口，此时系统自动给出按钮 Command1 的单击事件处理过

程框架,在过程中添加如下程序代码,实现功能。

```
Private Sub Command1_Click()
  Dim m As Integer, n As Integer
  n = Val(Text1.Text)   '接收 n 和 m 的值
  m = Val(Text2.Text)
  Text3.Text = jch2(m) / (jch2(n) * jch2(m - n)) '求组合数
End Sub
```

(5) 注释已有的代码,编写方法三的程序。

方法三:进入代码窗口,编写求阶乘的函数过程 jch2,求 x 的阶乘,代码如下所示。

```
Function jch2(x As Integer) As Double
    Dim i As Integer, t As Double
    t = 1
    For i = 1 To x
        t = t * i
    Next i
    jch2 = t
End Function
```

编写求 m 和 n 的组合数的函数过程 comb,代码如下所示。

```
Function comb(m As Integer, n As Integer) As Double
    comb = jch2(m) / jch2(n) / jch2(m - n)     '过程的嵌套
End Function
```

双击按钮“＝”,进入代码窗口,此时系统自动给出按钮 Command1 的单击事件处理过程框架,在过程中添加如下程序代码,实现功能。

```
Private Sub Command1_Click()
  Dim m As Integer, n As Integer
  n = Val(Text1.Text)   '接收 n 和 m 的值
  m = Val(Text2.Text)
  If m < n Then
    MsgBox "请保证参数的正确输入"
    Exit Sub
  End If
  Text3.Text = comb(m, n) '求组合数
End Sub
```

(6) 注释已有的代码,编写方法四的程序。

方法四:进入代码窗口,编写函数过程的递归调用,求 x 阶乘的过程 jch3,代码如下所示。

```
Function jch3(x As Integer) As Double
    If x = 1 Then
        jch3 = 1
    Else
        jch3 = x * jch3(x - 1)
    End If
End Function
```

双击按钮"＝",进入代码窗口,此时系统自动给出按钮 Command1 的单击事件处理过程框架,在过程中添加如下程序代码,实现功能。

```
Private Sub Command1_Click()
    Dim m As Integer, n As Integer
    n = Val(Text1.Text)                          '接收 n 和 m 的值
    m = Val(Text2.Text)
    Text3.Text = jch3(m) / (jch3(n) * jch3(m - n))  '求组合数
End Sub
```

(7) 运行程序,验证功能。

(8) 保存文件。单击"保存"按钮,窗体文件名为 t1.frm,工程文件名为 t1.vbp;单击"文件"→"生成 t1.exe",生成可执行程序文件 t1.exe。

2. 编写一个 Function 函数过程求两个数的最小公倍数;再编写一个 Function 函数过程求两个数的最大公约数。调用这两个过程求 3 个整数的最小公倍数和最大公约数。执行效果如图 7-2 所示。最后存盘,窗体文件名为 t2.frm,工程文件名为 t2.vbp,生成可执行程序文件 t2.exe。

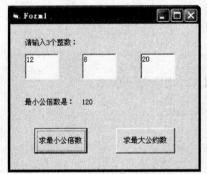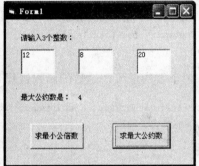

图 7-2　题目 2 的执行效果图

【操作过程】

(1) 启动 Visual Basic 6.0,新建一个工程。

(2) 添加控件,在属性窗口中设置各对象的属性,如表 7-2 所示。

表 7-2　属性设置

对象	属性	属 性 值	说　明
Text1,Text2,Text3	Text		初始时文本框内容为空
Label1	Caption	请输入 3 个整数:	标签 1 的标题
Label2,Label3	Caption		标签的标题为空
Command1	Caption	求最小公倍数	命令按钮的标题
Command2	Caption	求最大公约数	命令按钮的标题

(3) 进入代码窗口,在通用声明处定义变量,代码如下所示。

```
Dim a As Integer, b As Integer, c As Integer
```

编写求两个数的最小公倍数的函数过程 fac1,代码如下所示。

```
Function fac1(m As Integer, n As Integer) As Integer
'求 m 和 n 的最小公倍数
  If m > n Then
    r = m
  Else
    r = n
  End If
  For i = r To m * n
    If i Mod m = 0 And i Mod n = 0 Then Exit For
  Next
  fac1 = i
End Function
```

双击"求最小公倍数"按钮,进入代码窗口,此时系统自动给出按钮 Command1 的单击事件处理过程框架,在过程中添加如下程序代码,实现功能。

```
Private Sub Command1_Click()
a = Val(Text1.Text)
b = Val(Text2.Text)
c = Val(Text3.Text)
Label2.Caption = "最小公倍数是："
Label3.Caption = fac1(fac1(a, b), c)
End Sub
```

编写求两个数的最大公约数的函数过程 fac2,代码如下所示。

```
Function fac2(m As Integer, n As Integer) As Integer
'求 m 和 n 的最大公约数
  If m < n Then
    t = m
    m = n
    n = t
  End If
  Do
    r = m Mod n
    If r = 0 Then Exit Do
    m = n
    n = r
  Loop
  fac2 = n
End Function
```

双击"求最大公约数"按钮,进入代码窗口,此时系统自动给出按钮 Command2 的单击事件处理过程框架,在过程中添加如下程序代码,实现功能。

```
Private Sub Command2_Click()
a = Val(Text1.Text)
b = Val(Text2.Text)
c = Val(Text3.Text)
Label2.Caption = "最大公约数是："
Label3.Caption = fac2(fac2(a, b), c)
```

```
End Sub
```

（4）运行程序,验证功能。

（5）保存文件。单击"保存"按钮,窗体文件名为 t2.frm,工程文件名为 t2.vbp;单击"文件"→"生成 t2.exe",生成可执行程序文件 t2.exe。

3. 参数传递编程:把下面的代码输入到代码窗口中,运行程序,窗体中显示的内容是什么? 为什么? 最后存盘,窗体文件名为 t3.frm,工程文件名为 t3.vbp,生成可执行程序文件 t3.exe。

【操作过程】

（1）启动 Visual Basic 6.0,新建一个工程。

（2）进入代码窗口,输入如下代码:

```
Private Sub Form_Click()
Dim x As Integer, y As Integer
x = 5: y = 3
Call proc(x, y)
Print x, y
End Sub

Private Sub proc(ByVal a As Integer, b As Integer)
a = a + b
b = b + a
End Sub
```

（3）运行程序,窗体中显示的内容是"5　　　　11"。

本题中 a 是传值,b 是传址:

传址（ByRef）　按地址传递。定义过程时,默认的参数传递方式是按地址传递。主调过程的实参与被调过程的形参共享同一个存储单元。因此实参的值就会随过程体内对形参的改变而改变。

传值（ByVal）　按数值传递。主调过程的实参与被调过程的形参各有自己的存储单元。在过程体内对形参的任何操作都不会影响到实参。

（4）保存文件。单击"保存"按钮,窗体文件名为 t3.frm,工程文件名为 t3.vbp;单击"文件"→"生成 t3.exe",生成可执行程序文件 t3.exe。

4. 编写程序实现将一个一维数组中的元素向右循环移动,移位次数由文本框 Text1 输入决定。载入窗体时,数组元素依次为 0,1,2,3,4,5,6,7,8,9,10,在窗体上显示输出;在文本框 Text1 中输入右移的位数,单击"移动"按钮,实现右循环移动相应的位数,把移动后的元素输出显示。执行效果如图 7-3 所示。最后存盘,窗体文件名为 t4.frm,工程文件名为 t4.vbp,生成可执行程序文件 t4.exe。

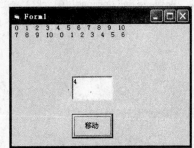

图 7-3　题目 4 的执行效果图

【操作过程】

（1）启动 Visual Basic 6.0,新建一个工程。

（2）添加控件，在属性窗口中设置各对象的属性，如表 7-3 所示。

表 7-3　属性设置

对象	属性	属性值	说明
Text1	Text		初始时文本框内容为空
Command1	Caption	移动	命令按钮的标题

（3）进入代码窗口，在通用声明处定义数组，代码如下所示。

```
Dim a(10) As Integer
```

在载入窗体事件处理过程中添加如下程序代码，实现功能。

```
Private Sub Form_Load()
Show
For i = 0 To 10 '给数组元素赋值
  a(i) = i
  Print a(i);
Next i
End Sub
```

编写右移的子过程 moveright，代码如下所示。

```
Sub moveright(x() As Integer)    '声明 Sub 过程,使用数组名作为形参
Dim u As Integer, v As Integer, w As Integer
u = UBound(x)                    '使用内部函数 UBound()获得数组下标的上界
y = x(u)
For w = u To LBound(x) + 1 Step -1
  x(w) = x(w - 1)
Next w
x(LBound(x)) = y                 '使用内部函数 LBound()获得数组下标的下界
End Sub
```

双击"移动"按钮，进入代码窗口，此时系统自动给出按钮 Command1 的单击事件处理过程框架，在过程中添加如下程序代码，实现功能。

```
Private Sub Command1_Click()
Dim i As Integer, j As Integer, k As Integer
j = Val(Text1.Text)             '获得右循环的次数
k = 0
Do
  k = k + 1
  Call moveright(a)             '调用实现右循环的过程
Loop Until k = j
Print
For i = 0 To 10
  Print a(i);
Next i
End Sub
```

（4）运行程序，验证功能。

（5）保存文件。单击"保存"按钮，窗体文件名为 t4.frm，工程文件名为 t4.vbp；单击"文件"→"生成 t4.exe"，生成可执行程序文件 t4.exe。

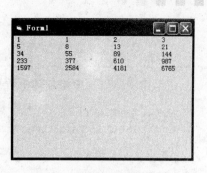

5. 函数的递归调用编程。斐波那契（Fibonacci）数列的第一项是 1，第二项是 1，以后各项都是前两项的和。要求使用递归算法，求斐波那契数列前 20 项的值，并显示在窗体中，执行效果如图 7-4 所示。最后存盘，窗体文件名为 t5.frm，工程文件名为 t5.vbp，生成可执行程序文件 t5.exe。

图 7-4 题目 5 的执行效果图

【操作过程】

（1）启动 Visual Basic 6.0，新建一个工程。

（2）进入代码窗口，编写斐波那契数列的递归算法。

```
Function Fibonacci(ByVal n As Integer)    '递归算法的 Fibonacci 函数
If n <= 2 Then
  Fibonacci = 1
  Exit Function
Else
  Fibonacci = Fibonacci(n - 1) + Fibonacci(n - 2)
End If
End Function
```

在单击窗体过程中添加如下程序代码，实现相应功能。

```
Private Sub Form_Click()
Dim i As Integer
For i = 1 To 20                 '斐波那契数列的前 20 项
  Print Fibonacci(i),
  If i Mod 4 = 0 Then Print     '一行输出 4 个
Next i
End Sub
```

（3）运行程序，验证功能。

（4）保存文件。单击"保存"按钮，窗体文件名为 t5.frm，工程文件名为 t5.vbp；单击"文件"→"生成 t5.exe"，生成可执行程序文件 t5.exe。

6. 编写比较两个数大小的 Function 过程，在单击窗体时，随机产生 10 个 10～100 的整数，调用该过程求这些数中的最大数，在窗体上输出这 10 个数和最大数。最后存盘，窗体文件名为 t6.frm，工程文件名为 t6.vbp，生成可执行程序文件 t6.exe。

【操作过程】

（1）启动 Visual Basic 6.0，新建一个工程。

（2）进入代码窗口，编写比较两个数大小的 Function 过程，代码如下所示。

```
Function bijiao(x As Integer, y As Integer) As Integer
    If x > y Then
        bijiao = x
    Else
```

```
        bijiao = y
    End If
End Function
```

在单击窗体过程中添加如下程序代码,实现相应功能。

```
Private Sub Form_Click()
Dim a(1 To 10) As Integer, max As Integer
Randomize
For i = 1 To 10
    a(i) = Int(Rnd * 91) + 10
    max = bijiao(max, a(i))
Next i
For i = 1 To 10
    Print a(i);
Next i
Print "最大的数是"; max
End Sub
```

(3) 运行程序,验证功能。

(4) 保存文件。单击"保存"按钮,窗体文件名为 t6.frm,工程文件名为 t6.vbp;单击"文件"→"生成 t6.exe",生成可执行程序文件 t6.exe。

7. 编写判断奇偶的 Sub 过程,在单击窗体时,输入整数,调用该过程判断其奇偶性。最后存盘,窗体文件名为 t7.frm,工程文件名为 t7.vbp,生成可执行程序文件 t7.exe。

【操作过程】

(1) 启动 Visual Basic 6.0,新建一个工程。

(2) 进入代码窗口,编写判断奇偶的 Sub 过程,代码如下所示。

```
Sub jio(x As Integer)
    If x Mod 2 = 0 Then
        Print "是偶数"
    Else
        Print "是奇数"
    End If
End Sub
```

在单击窗体过程中添加如下程序代码,实现相应功能。

```
Private Sub Form_Click()
Dim a As Integer
a = Val(InputBox("请输入一个整数", "输入框"))
Call jio(a)
End Sub
```

(3) 运行程序,验证功能。

(4) 保存文件。单击"保存"按钮,窗体文件名为 t7.frm,工程文件名为 t7.vbp;单击"文件"→"生成 t7.exe",生成可执行程序文件 t7.exe。

8. 编写判断一个数能否同时被 7 和 37 整除的 Sub 过程,在单击窗体时,调用该过程在窗体上输出 1000～3000 之间所有能同时被 7 和 37 整除的数。最后存盘,窗体文件名为 t8.frm,

工程文件名为 t8.vbp,生成可执行程序文件 t8.exe。

【操作过程】

(1) 启动 Visual Basic 6.0,新建一个工程。

(2) 进入代码窗口,编写过程,代码如下所示。

```
Sub judge(x As Integer)
    If x Mod 7 = 0 And x Mod 37 = 0 Then Print x
End Sub
```

在单击窗体过程中添加以下程序代码,实现相应功能。

```
Private Sub Form_Click()
Dim i As Integer
For i = 1000 To 3000
    Call judge(i)
Next i
End Sub
```

(3) 运行程序,验证功能。

(4) 保存文件。单击"保存"按钮,窗体文件名为 t8.frm,工程文件名为 t8.vbp;单击"文件"→"生成 t8.exe",生成可执行程序文件 t8.exe。

9. 使用过程的递归调用,计算下式的前 n 项和,n 的值用 InputBox 由用户输入,在窗体上输出结果。最后存盘,窗体文件名为 t9.frm,工程文件名为 t9.vbp,生成可执行程序文件 t9.exe。

$$f = \sqrt{2} + \sqrt{2+\sqrt{2}} + \sqrt{2+\sqrt{2+\sqrt{2}}} + \sqrt{2+\sqrt{2+\sqrt{2+\sqrt{2}}}} + \cdots$$

【操作过程】

(1) 启动 Visual Basic 6.0,新建一个工程。

(2) 进入代码窗口,编写过程,代码如下所示。

```
Public Function f(x As Integer) As Single
    If x = 1 Then
        f = Sqr(2)
    Else
        f = Sqr(2 + f(x - 1))
    End If
End Function
```

在单击窗体过程中添加如下程序代码,实现相应功能。

```
Private Sub Form_Click()
Dim n As Integer, s As Single, i As Integer
n = Val(InputBox("请输入一个整数 n,计算式子的前 n 项和", "输入框"))
For i = 1 To n
    s = s + f(i)
Next i
Print "式子的前"; n; "项和是"; s
End Sub
```

(3) 运行程序,验证功能。

（4）保存文件。单击"保存"按钮，窗体文件名为 t9. frm，工程文件名为 t9. vbp；单击"文件"→"生成 t9. exe"，生成可执行程序文件 t9. exe。

10. 要求编写一个求数组最大值的函数，当程序执行后，单击窗体时，把数组中的最大值显示在窗体上。最后存盘，窗体文件名为 t10. frm，工程文件名为 t10. vbp，生成可执行程序文件 t10. exe。

【操作过程】

（1）启动 Visual Basic 6.0，新建一个工程。

（2）进入代码窗口，首先在通用声明处定义，代码如下所示。

```
Option Explicit
Option Base 1
```

编写过程，代码如下所示。

```
Private Function maxArray(a() As Single) As Single
    Dim i As Integer
    maxArray = a(1)
    For i = 1 To UBound(a)
        If maxArray < a(i) Then maxArray = a(i)
    Next i
End Function
```

在单击窗体过程中添加如下程序代码，实现相应功能。

```
Private Sub Form_Click()
    Dim a(9) As Single
    Dim k As Single
    a(1) = 4.5: a(2) = 7.8: a(3) = 10.6
    a(4) = 6.2: a(5) = 4.1: a(6) = 2.3
    a(7) = 8.2: a(8) = 4.9: a(9) = 5.3
    k = maxArray(a)
    Print "k = " & k
End Sub
```

（3）运行程序，验证功能。

（4）保存文件。单击"保存"按钮，窗体文件名为 t10. frm，工程文件名为 t10. vbp；单击"文件"→"生成 t10. exe"，生成可执行程序文件 t10. exe。

三、选做题（提高）

用二分法求方程 $x^5 + 3x^2 - 10 = 0$ 的近似根，误差不超过 0.00001。最后存盘，文件名自定。

【提示】

（1）二分法的思路　先指定一个区间 $[x1, x2]$，如果函数 $f(x)$ 在此区间是单调变化的，如果 $f(x1) \times f(x2) < 0$，则 $f(x) = 0$ 在区间 $[x1, x2]$ 有且只有一个实根；如果 $f(x1) \times f(x2) > 0$，则 $f(x) = 0$ 在区间 $[x1, x2]$ 内无实根，要重新改变 x1 和 x2 的值，确定有根区间。对于区间 $[x1, x2]$ 上连续不断、且 $f(x1) \times f(x2) < 0$ 的函数 $y = f(x)$，通过不断地把函数 $f(x)$ 的零点所

在的区间一分为二,使区间的两个端点逐步逼近零点,进而得到零点近似值的方法叫做二分法。

(2)算法如下:

步骤一 输入 x1 和 x2 的值,求 f(x1)和 f(x2)的值。

步骤二 如果 f(x1)×f(x2)>0,则 f(x)=0 在区间[x1,x2]内无实根,重新执行步骤一;如果 f(x1)×f(x2)<0,则 f(x)=0 在区间[x1,x2]有且只有一个实根,执行步骤三。

确定有根区间。确定区间[a,b],验证 f(a)·f(b)<0,给定精确度 ε。

步骤三 求 x1 和 x2 的中点 x0:x0 =(x1+x2)/2。

步骤四 求 f(x0)。

步骤五 判断 f(x0)与 f(x1)是否符号相同,如果相同,则应在区间[x0,x2]内寻找根,此时 x1 不起作用,用 x0 代替 x1,用 f(x0)代替 f(x1);如果 f(x0)与 f(x1)符号不相同,则应在区间[x1,x0]内寻找根,此时 x2 不起作用,用 x0 代替 x2,用 f(x0)代替 f(x2)。

步骤六 判断 f(x0)的绝对值是否小于指定误差,如果不成立,则返回步骤三继续执行;如果成立,则执行步骤七。

步骤七 输出 x0 的值,它就是所求的近似根。

(3)代码如下所示。

```
Public Function f(x As Double) As Double
    f = x ^ 5 + 3 * x ^ 2 - 10
End Function

Private Sub Form_Click()
Dim x0 As Double, x1 As Double, x2 As Double, f0 As Double, f1 As Double, f2 As Double, n As Integer
Do
    x1 = Val(InputBox(" 请输入有根区间的左端点:", "输入框", 0))
    x2 = Val(InputBox(" 请输入有根区间的右端点:", "输入框", 0))
    f1 = f(x1)
    f2 = f(x2)
Loop Until f1 * f2 < 0

Do
    x0 = (x1 + x2) / 2
    f0 = f(x0)
    If f0 = 0 Then
        Exit Do
    Else
        If f0 * f1 < 0 Then
            x2 = x0
            f2 = f0
        Else
            x1 = x0
            f1 = f0
        End If
    End If
Loop Until Abs(f0) <= 0.00001
```

```
Print "方程的根是"; x0
End Sub
```

四、常见错误提示

1. 过程名写错，或未添加过程

过程的创建和调用过程中，过程名称要一致，如果不一致，当运行程序时，系统会弹出如图 7-5 所示的错误提示对话框。

单击提示对话框中的"确定"按钮，系统会标示出错误所在的位置，如图 7-6 所示，检查调用过程 jio，系统找不到以 jio 命名的过程，因此出错。把创建过程的过程名字和调用过程名字修改一致即可。

图 7-5　错误提示对话框

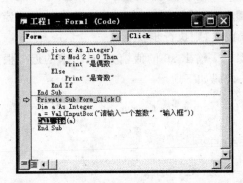

图 7-6　代码窗口

2. 形参和实参类型不一致

实参列表，是向被调过程传递的数据列表，实参和形参要求数据类型一致，个数一致，顺序一致。过程的创建和调用过程中，如果形参和实参类型不一致，当运行程序时，系统会弹出如图 7-7 所示的错误提示对话框。

单击提示对话框中的"确定"按钮，系统会标示出错误所在的位置，如图 7-8 所示，检查 a 的类型。调用时，实参 a 是 Single 类型，但是在过程定义中，形参 x 是 Integer 类型，因此出错，把类型修改一致即可。

图 7-7　错误提示对话框

图 7-8　代码窗口

3. 形参和实参个数不一致

过程的创建和调用过程中,如果形参和实参个数不一致,当运行程序时,系统会弹出如图 7-9 所示的错误提示对话框。

单击提示对话框中的"确定"按钮,系统会标示出错误所在的位置,如图 7-10 所示,检查调用过程 proc,实参个数为一个,但是在过程定义中,形参是 2 个,因此出错。依据题意把调用语句中实参个数添加一个即可。

图 7-9 错误提示对话框

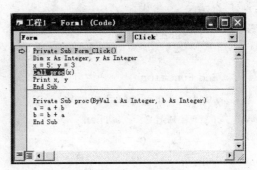

图 7-10 代码窗口

五、练习题与解析

(1) 在调用过程中,下述说明中正确的是( )。

A. 只能用 Call 语句调用 Sub 过程

B. 调用 Sub 过程时,实际参数必须用括号括起来

C. Function 过程也可以使用 Call 语句调用

D. 在表达式中调用函数过程时,可以不用括号把参数括起来

【答案】 C。

【解析】 掌握 Sub 过程的两种调用方式,Function 过程的三种调用方式。

(2) 下列关于过程定义和调用的叙述中正确的是( )。

A. 对于窗体 Form1,用户可以自己定义一个事件过程:Sub Form_myclick()

B. 定义了通用过程 Sub swap(X As Integer,Y As Integer),调用时可以用 Call
   .swap(4,6),或者用 swap (4,6)

C. Function 函数名([参数列表])[As 类型]

   　　[语句序列]

   　　[<函数名>=<表达式>]

   End　Function

上面函数过程的定义中,[As 类型]定义的是参数的数据类型

D. 在 C.中定义的函数过程,<函数名>=<表达式>中,<表达式>的值作为函数的返回值

【答案】 D。

【解析】 选项 A：用户只能定义用户过程。选项 B：调用时可以用 Call swap(4,6)，或 swap 4,6。选项 C：[As 类型]定义的是函数返回值的类型。

（3）函数过程 F1 的功能是：如果参数 a 为奇数，则返回值为 1，否则返回值为 0。以下能正确实现所述功能的代码的是(   )。

```
① Function F1(a As Integer)
    If a Mod 2 = 0 Then
        Return 0
    Else
        Return 1
    End If
End Function
② Function F1(a As Integer)
    If a Mod 2 = 0 Then
        F1 = 0
    Else
        F1 = 1
    End If
End Function
③ Function F1(a As Integer)
    If a Mod 2 = 0 Then
        F1 = 1
    Else
        F1 = 0
    End If
End Function
④ Function F1(a As Integer)
    If a Mod 2 <> 0 Then
        Return 0
    Else
        Return 1
    End If
End Function
```

A. ①　　　　　　　B. ②　　　　　　　C. ③　　　　　　　D. ④

【答案】 B。

【解析】 定义函数过程的语法是：

```
[Static][Public|Private] Function 函数名([参数列表])[As 类型]
        [语句序列]
        函数名 = 表达式
End Function
```

其中,函数名＝表达式:函数过程有返回值,至少应该有一个给函数过程名赋值的语句,作为函数的返回值。[As 类型]:定义了返回值类型。

(4) 以下关于函数过程的叙述中,正确的是(　　)。

  A. 如果不指明函数过程参数的类型,则该参数没有数据类型

  B. 函数过程的返回值可以有多个

  C. 当数组作为函数过程的参数时,既能以传值方式传递,也能以引用方式传递

  D. 函数过程形参的类型与函数返回值的类型没有关系

【答案】 D。

【解析】 选项 A:不指明函数过程参数的类型,则该参数的类型为:Variant;选项 B:函数过程的返回值只能是一个;选项 C:当数组作为函数过程的参数时,只能以地址(引用)方式传递。

(5) 以下关于过程的叙述中,错误的是(　　)。

  A. 事件过程是由某个事件触发而执行的过程

  B. 在过程调用中,要求形参表与实参表中的参数个数一致、顺序一致、类型一致

  C. 可以在事件过程中调用通用过程

  D. 事件过程可以由用户定义过程名

【答案】 D。

【解析】 事件过程是由系统定义的。

(6) 单击窗体时,下面程序代码的执行结果为(　　)。

```
Private Sub Form_Click()
  Test 2
End Sub
Private Sub Test(x As Integer)
  x = x * 2 + 1
  If x < 6 Then
    Call Test(x)
  End If
  x = x * 2 + 1
  Print x;
End Sub
```

  A. 5　11   B. 23　47   C. 10　22   D. 23　23

【答案】 B。

【解析】 注意函数嵌套调用的过程。

(7) 运行下面的程序,单击命令按钮,输出结果为(　　)。

```
Static Function F(a As Integer)
    Dim c As Integer
    c = c + 1
    F = a + c
End Function
Private Sub Command1_Click()
    Dim a As Integer
    a = 2
```

```
For i = 1 To 3
Print F(a);
Next i
End Sub
```

A. 3 4 5   B. 3 3 3   C. 2 2 2   D. 2 3 4

【答案】 A。

【解析】 用 Static 定义的函数过程 F,则该过程中的局部变量都是 Static 类型。

(8) 判断下列定义过程体中形参 x,y 传递的形式为( )。

```
Sub Test1(x As Single, ByVal y As String)
…
End Sub
```

A. x 按地址传递,y 按数值传递   B. x 按数值传递,y 按地址传递
C. x 按地址传递,y 按地址传递   D. x 按数值传递,y 按数值传递

【答案】 A。

【解析】 形参前有关键字 ByRef 或什么也没有则为地址传递;形参前有关键字 ByVal 则为数值传递。定义过程时,默认的参数传递方式是按地址传递。

传址 按地址传递。当调用一个过程时,它将实参的地址传递给形参。因此在被调过程体中对形参的任何操作都变成了对相应实参的操作,实参的值就会随过程体内对形参的改变而改变。主调过程的实参与被调过程的形参共享同一存储单元。

传值 按数值传递。当调用一个过程时,系统将实参的值复制给形参,实参与形参断开了联系。在过程体内对形参的任何操作不会影响到实参。主调过程的实参与被调过程的形参各有自己的存储单元。

(9) 以下程序运行后,单击命令按钮,窗体中显示的是( )。

```
Private Sub Command1_Click()
Dim x As Integer, y As Integer
x = 5: y = 3
Call proc(x, y)
Print x, y
End Sub
Private Sub proc(ByVal a As Integer, b As Integer)
a = a + b
b = b + a
End Sub
```

A. 5 11 (紧凑格式)   B. 5 11 (标准格式)
C. 8 11 (紧凑格式)   D. 8 11 (标准格式)

【答案】 B。

【解析】 注意函数调用时参数传递的方式。

(10) 在窗体上画 1 个名称为 Command1 的命令按钮和 2 个名称分别为 Text1 和 Text2 的文本框,然后编写如下程序:

```
Function Fun(x As Integer, ByVal y As Integer) As Integer
```

```
x = x + y
If x < 0 Then
Fun = x
Else
Fun = y
End If
End Function
Private Sub Command1_Click()
Dim a As Integer, b As Integer
a = -10: b = 5
Text1.Text = Fun(a, b)
Text2.Text = Fun(a, b)
End Sub
```

程序运行后,单击命令按钮,Text1 和 Text2 文本框显示的内容分别是(   )。

A. -5   5   B. 5   -5   C. -5   -5   D. 5   5

【答案】   A。

(11) 有如下函数:

```
Function fun(a As Integer,n As Integer) As Integer
Dim m As Integer
While a >= n
a = a - n
m = m + 1
LOOP
fun = m
End Function
```

该函数的返回值是(   )。

A. a 乘以 n 的乘积

B. a 加 n 的和

C. a 减 n 的差

D. a 除以 n 的商(不含小数部分)

【答案】   D。

【解析】   m 是 a 中含有 n 的个数。

(12) 假定有以下函数过程:

```
Function fun(s As String) As String
Dim s1 As String
For i = 1 to Len(s)
s1 = Ucase(Mid(s, i, 1)) + s1
next i
fun = s1
End Function
```

在窗体上画一个命令按钮,然后编写如下事件过程:

```
Private Sub Command1_Click()
Dim str1 As String, str2 As String
str1 = inputbox("请输入一个字符串")
str2 = fun(str1)
Print str2
```

```
End Sub
```

　　程序运行后,单击命令按钮,如果在输入对话框中输入字符串"abcdefg",则单击"确定"按钮后在窗体上的输出结果为(　　　)。

    A. ABCDEFG   B. abcdefg

    C. GFEDCBA   D. gfedcba

　　【答案】 C。

　　【解析】 Len(s):返回字符串 s 中包含的字符个数;Mid(s,p,n):在字符串 s 中,从第 p 个字符开始,向后截取 n 个字符;Ucase(s):把字符串 s 中的小写字母转换成大写字母。

　　(13)设一个工程由两个窗体组成,其名称分别为 Form1 和 Form2,在 Form1 上有一个名称为 Command1 的命令按钮。窗体 Form1 的程序代码如下:

```
Private Sub Command1_Click()
Dim a As Integer
a = 10
Call g(Form2,a)
End Sub
Private Sub g(f As Form, x As Integer)
y = IIf(x > 10,100, - 100)
f.Show
f.Caption = y
End Sub
```

　　运行以上程序,正确的结果是(　　　)。

    A. Form1 的 Caption 属性值为 100   B. Form2 的 Caption 属性值为 -100

    C. Form1 的 Caption 属性值为 -100   D. Form2 的 Caption 属性值为 100

　　【答案】 B。

　　【解析】 Form2 显示,Form2 的 Caption 属性是 y,y = IIf(x > 10,100, -100)的结果是 -100。

　　(14)下列定义的函数过程能正确返回两个参数之和的是(　　　)。

    A. Private Sub Function F1(x,y)

        Dim z As Single

        z = x + y

        F1 = z

      End Function

      End Sub

    B. Private Function F1(x,y) As Single

        Dim x As Single, y As Single

        F1 = x + y

      End Function

    C. Function F1(x As Single, y As Single)

        F1 = x + y

      End Function

D. Function F1(x,y) As Single

  Dim z As Single

  z＝x＋y

End Function

【答案】 C。

【解析】 选项 A 错在多出 End Sub 语句；选项 B 错在在过程内部定义了局部变量 x 和 y,默认初值均为 0,所以 F1 返回 0 值,而不是形式参数之和；选项 D 错在没有将结果 z 赋值给 F1。

(15)在一个标准模块的"通用"声明部分使用 Public 关键字声明的变量属于(　　)。

A. 局部变量   B. 模块变量

C. 全局变量   D. 无法确定

【答案】 C。

【解析】 在模块的"通用"声明部分使用 Public 关键字声明的变量属于全局变量；在模块的"通用"声明部分使用 Private 或 Dim 关键字声明的变量属于模块变量；在过程内部使用 Dim 关键字声明的变量属于局部变量。

(16)第 5 次单击窗体时,窗体的标题栏上显示什么内容？(　　)

```
Private Sub Form_Click()
    Dim a As Integer
    a = a + 1
    If  a = 1  Then
        form1.caption = "第一次单击窗体"
    ElseIf  a = 2  Then
        form1.caption = "第二次单击窗体"
    ElseIf  a = 3  Then
        form1.caption = "第三次单击窗体"
        a = 0
    End If
End  Sub
```

A. 第一次单击窗体   B. 第二次单击窗体

C. 第三次单击窗体   D. 没有显示内容

【答案】 A。

【解析】 在过程中声明的变量是局部变量,每一次单击窗体时为变量 a 重新分配空间,赋初值为 0,执行语句 a＝a＋1,则 a 的值为 1,所以窗体的标题改为"第一次单击窗体",当过程结束时,a 的空间被收回；下次单击窗体时又重新为 a 分配空间,赋初值为 0,执行语句 a＝a＋1,则 a 的值为 1,所以窗体的标题仍为"第一次单击窗体",当过程结束时,a 的空间被收回；所以不管单击多少次,窗体的标题总是"第一次单击窗体"。

(17)第 6 次单击窗体时,窗体的标题栏上显示什么内容？(　　)

```
Private Sub Form_Click()
    Static a As Integer
    a = a + 1
    If  a = 1  Then
```

```
        form1.caption = "第一次单击窗体"
    ElseIf  a = 2  Then
        form1.caption = "第二次单击窗体"
    ElseIf  a = 3  Then
        form1.caption = "第三次单击窗体"
        a = 0
    End If
End  Sub
```

  A. 第一次单击窗体   B. 第二次单击窗体

  C. 第三次单击窗体   D. 没有显示内容

【答案】 C。

【解析】 在过程中使用 Static 声明的变量是静态变量,只在第一次单击窗体时为变量 a 分配空间,赋初值为 0,执行语句 a=a+1,则 a 的值为 1,所以窗体的标题改为"第一次单击窗体",当过程结束时,a 的空间仍保留;下次单击窗体时不会重新为 a 分配空间,执行语句 a=a+1,则 a 的值为 2,所以窗体的标题为"第二次单击窗体",当过程结束时,a 的空间继续保留;当单击 6 次窗体时,窗体的标题为"第三次单击窗体"。

（18）下面程序执行后,第二次单击窗体的输出结果是( )。

```
Option Explicit
Private Sub Form_Click()
    Dim x As Integer
x = x + 1
Print "x = "; x
End Sub
Private Sub Form_Load()
    Static  x As Integer
    x = 2
End Sub
```

  A. x=1   B. x=2   C. x=3   D. x=4

【答案】 A。

【解析】 注意两个过程中的 x 作用域与生存期。

（19）关于变量作用域,下列叙述中正确的是( )。

  A. 在窗体的 Form_Load 事件过程中定义的变量是全局变量

  B. 局部变量的作用域可以超出所定义的过程

  C. 在某个 Sub 过程中定义的局部变量可以与其他事件过程中定义的局部变量同名,但其作用域只限于该过程

  D. 在调用过程中,所有局部变量被系统初始化为 0 或空字符串

【答案】 C。

【解析】 答案 B:局部变量的作用域在所定义的过程内。答案 D:如果用 Static 声明的变量,则是静态变量,当过程结束时,其值保留,再次运行时不初始化。

（20）以下关于变量作用域的叙述中,正确的是( )。

  A. 窗体中凡被声明为 Private 的变量只能在某个指定的过程中使用

  B. 全局变量必须用 Public 在模块的通用声明处声明

    C. 模块级变量只能用 Private 关键字声明

    D. Static 类型变量的作用域是它所在的窗体或模块文件

【答案】 B。

【解析】 关于 x 的作用域：全局变量必须用 Public 在模块的通用声明处声明；模块变量使用 Private 或 Dim 在模块的通用声明处声明；局部变量使用 Static 或 Dim 在过程中声明。

（21）下列有关过程的叙述中错误的是（   ）。

    A. 如果过程被定义为 Static 类型，则该过程中的局部变量都是 Static 类型

    B. Sub 过程中不能嵌套定义 Sub 过程

    C. Sub 过程中可以嵌套调用 Sub 过程

    D. 事件过程可以像通用过程一样由用户定义过程名

【答案】 D。

【解析】 事件过程与对象有关，对象事件触发后被调用。事件过程的过程名由系统自动指定。事件过程的调用：一般由事件的触发而引起（单击、窗体加载等），也可用 Call 调用。通用过程与对象无关，是用户创建的一段共享代码。过程的名称由用户自己命名。

通用过程的调用：

    Call 过程名(实际参数列表)   Call swap(a,b)

或：

    过程名 实际参数列表   swap a,b

（22）若希望在离开某过程后，还能保存该过程中局部变量的值，则应使用（   ）关键字在该过程中定义局部变量。

    A. Dim   B. Private   C. Public   D. Static

【答案】 D。

【解析】 过程中可以使用 Dim 或 Static 定义局部变量，若要在离开过程后还能保存该过程中局部变量的值，则应用 Static 关键字。

（23）在窗体上画一个名称为 Command1 的命令按钮，然后编写如下程序：

```
Private Sub Command1 _ Click()
 Static X As Integer
 Static Y As Integer
 Cls
 Y = 1
 Y = Y + 5
 X = 5 + X
 Print X,Y
End Sub
```

程序运行时，三次单击命令按钮 Command1 后，窗体上显示的结果为（   ）。

    A. 15 16   B. 15 6   C. 15 15   D. 5 6

【答案】 B。

【解析】 注意静态变量的使用。

（24）一个工程中含有窗体 Form1、Form2 和标准模块 Model1，如果在 Form1 中有语句 Public a As Integer，在 Model1 中有语句 Public b As Integer，则下列叙述正确的是（　　）。

A．a 与 b 的作用域相同

B．b 的作用域是 Model1

C．在 Form1 中可直接使用 a

D．在 Form2 中可以直接使用 a 和 b

【答案】　C。

【解析】　b 的作用域是 Form1、Form2 和标准模块 Model1；a 在 Form2 中不能直接使用，但可以利用 Form1.a。

实验八

对话框和菜单设计

一、实验目的

(1) 掌握通用对话框的使用。
(2) 掌握对话框的设计。
(3) 掌握 Visual Basic 中菜单设计方法。
(4) 掌握 Visual Basic 中菜单命令代码的编写。
(5) 了解 Visual Basic 中弹出式菜单的设计。

二、实验内容与操作指导

1. 设计应用程序,练习"打开"对话框的使用。

【要求】 如图 8-1 所示,当单击"打开图片"按钮时,弹出"打开"对话框,选择图像文件,并将其显示在 PictureBox 控件中;单击"清除图片"按钮时,PictureBox 中的图像被清除;单击"退出"按钮时,程序结束。

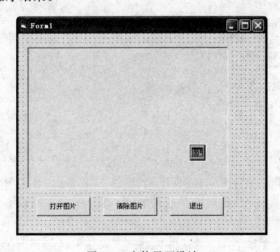

图 8-1 窗体界面设计

【操作过程】
(1) 在工具箱中添加"通用对话框"控件。

通用对话框不是 VB 的标准控件,需要把通用对话框添加到工具箱中,操作步骤如下:

① 单击"工程"菜单中的"部件"命令,弹出"部件"对话框。

② 在"控件"选项卡中选择 Microsoft CommonDialog Control 6.0。

③ 单击"确定"按钮。

这样就在工具箱中添加了"通用对话框"控件。

(2) 单击工具箱中的 PictureBox 控件,将该控件添加到 Form1 窗口中,并由系统命名为 Picture1,该控件用于显示用户在"打开"对话框中选定的文件。

① 在 Form1 窗口中添加 3 个命令按钮 Command1,Command2,Command3,分别作为"打开图片"、"清除图片"和"退出"按钮。

② 双击工具箱中的 CommonDialog 控件,并将其添加到 Form1 中,程序框架如图 8-1 所示。最后,将窗体文件另存为 t1.frm,工程文件另存为 t1.vbp。

(3) 编写程序代码。

```
'"打开"按钮的事件代码
Private Sub Command1_Click()
    On Error GoTo err1
CommonDialog1.CancelError = True
CommonDialog1.Filter = "All Files( * .* )| * .* |BMP Files( * .BMP)| * .bmp|JPG Files( * .jpg)|
* .jpg"
CommonDialog1.FilterIndex = 1
CommonDialog1.ShowOpen
Picture1.Picture = LoadPicture(CommonDialog1.FileName)
err1:
    Exit Sub
End Sub
'"清除"按钮的事件代码
Private Sub Command2_Click()
Picture1.Picture = LoadPicture()
End Sub
'"退出"按钮的事件代码
Private Sub Command3_Click()
    End
End Sub
```

【思考题1】　想想 On Error GoTo err1,这句代码在这里起什么作用?

【解答】　这是个错误跳转语句,在程序运行时,如果单击"取消"按钮,程序会跳出错误信息,为了避免出现错误信息,使用这个语句时,如果程序出现错误会执行相关语句,例如:Exit Sub。

2. 设计应用程序,练习"字体"对话框和"颜色"对话框的使用。

【要求】　当单击"字体"按钮时,弹出"字体"对话框,可选择需要的字体;当单击"颜色"按钮时,弹出"颜色"对话框,可选择需要的标签颜色,如图 8-2 所示。

最后,将窗体文件另存为 t2.frm,工程文件另存为 t2.vbp。

【操作过程】

(1) 添加"通用对话框"控件。操作过程如同题目 1。

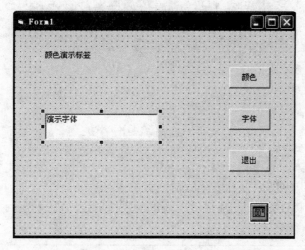

图 8-2　题目 2 界面设计

（2）将 CommonDialog 控件添加到窗体中。

（3）在 Form1 中添加一个标签、一个文本框和三个命令按钮。

（4）设置各个控件的属性，如表 8-1 所示。

表 8-1　属性设置

对象	属性	属 性 值
Label1	Caption	"颜色演示标签"
Text1	Text	"演示字体"
Command1	Caption	"颜色"
Command2	Caption	"字体"
Command3	Caption	"退出"

（5）编写程序代码。

```
   Private Sub Command1_Click()
 On Error GoTo err1
CommonDialog1.Flags = 1
CommonDialog1.Color = BackColor
CommonDialog1.Action = 3
Label1.BackColor = CommonDialog1.Color

err1:
   Exit Sub
End Sub
Private Sub Command2_Click()
On Error GoTo err2
CommonDialog1.Flags = cdlCFBoth
CommonDialog1.ShowFont
Text1.FontName = CommonDialog1.FontName          '选择字体名称
Text1.FontSize = CommonDialog1.FontSize          '选择字体大小
Text1.FontBold = CommonDialog1.FontBold          '选择是否为"粗体"
```

```
Text1.FontItalic = CommonDialog1.FontItalic        '选择是否为"斜体"
Text1.ForeColor = CommonDialog1.Color              '字体颜色为标签选择颜色
err2:
  Exit Sub
End Sub
Private Sub Command3_Click()
End
End Sub
```

【思考题 2】　Flags 属性的作用是什么？选择其他值会有什么效果？

【解答】　Flags 为颜色对话框设置选择开关，用来控制对话框的外观，其格式如下：对象.Flags[＝值]，其中"对象"为通用对话框的名称；"值"是一个整数，可以使用 3 种形式，即符号常量、十六进制整数和十进制整数。Flags 属性取值如表 8-2 所示

表 8-2　Flags 属性值的含义（颜色对话框）

值	作　用
1	使得 Color 属性定义的颜色在首次显示对话框时随着显示出来
2	打开完整对话框，包括"用户自定义颜色"窗口
4	禁止选择"规定自定义颜色"按钮
8	显示一个 Help 按钮

3. 在窗体上添加三个菜单，名称分别为 meu1，meu2，meu3，标题分别为"文件"、"编辑"和"帮助"。

【要求】　单击标题为"文件"的菜单，名称为 file，则弹出三个子菜单，名称分别为 new，open，save，标题分别为"新建"、"打开"和"关闭"；单击"编辑"菜单，名称为 edit 则弹出三个子菜单，名称分别为 cut，copy，peast，标题分别为"剪切"、"复制"和"粘贴"；在"新建"菜单上有"√"，执行效果如图 8-3 所示。最后，将窗体文件另存为 t3.frm，工程文件另存为 t3.vbp。

【操作过程】

(1) 启动 Visual Basic 6.0，新建一个工程。

(2) 启动菜单编辑器：菜单编辑器可以可视化地编辑菜单项，可以通过两种方法启动菜单编辑器：一种是单击"工具"菜单中的"菜单编辑器"；另一种是在要建立菜单的窗体的空白处右击鼠标，在快捷菜单中选择"菜单编辑器"命令。菜单编辑器如图 8-4 所示。

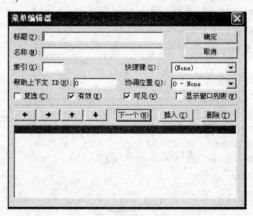

图 8-3　程序运行界面　　　　　　　　　　图 8-4　菜单编辑器

（3）在弹出的菜单编辑器的标题栏中输入"文件(&F)"，名称栏中输入 file。

（4）单击"下一个"按钮，然后单击向右的箭头，这时在"文件"下增加了一个"…"的菜单，表示这个菜单是上一个菜单的子菜单，在标题处输入"新建"，名称处输入 new。将"复选"选中。

（5）再单击"下一个"按钮，然后单击向右的箭头，这时在"新建"下增加了一个"…"，表示这个菜单和"新建"子菜单一样同属于文件菜单，标题和名称处分别输入"打开"和 open。

（6）再单击"下一个"按钮，然后单击向右的箭头，这时在"打开"下增加了一个"…"表示这个菜单和"新建"、"打开"子菜单一样同属于文件菜单，标题和名称处分别输入"关闭"和 close，如图 8-5 所示。

（7）用创建"文件"菜单的方法创建"编辑"菜单及其子菜单，如图 8-6 所示。

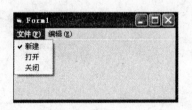

图 8-5 文件菜单界面

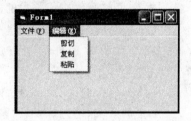

图 8-6 编辑菜单界面

【思考题 3】 菜单编辑器由哪几部分组成？每一部分的功能是什么？

【解答】 菜单编辑器如图 8-7 所示。

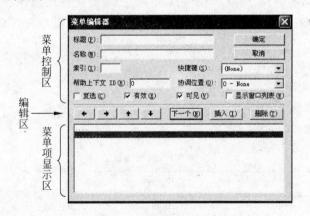

图 8-7 菜单编辑器

菜单编辑器由菜单控制区、菜单显示区和编辑区组成，各部分功能如下。

（1）菜单控制区。

① 标题 设置菜单控件的 Caption 属性，其值是显示在菜单中的文本。

② 名称 设置菜单控件的 Name 属性，在程序代码中用于访问该菜单控件。

③ 索引 设置菜单控件数组中各元素的下标。

④ 快捷键 设置快捷访问键，使用户在不打开菜单的情况下就可以通过键盘操作实现相同的功能。

⑤ 复选 决定是否在菜单控件前面出现复选标记(√)。

⑥ 有效　决定菜单控件是否可用。

⑦ 可见　决定菜单控件是否可见。

(2) 菜单项显示区。

菜单项显示区显示当前窗体的所有菜单控件,并通过它们所在的位置显示出对应的层次关系。其中前面有一个内缩符号(…)的菜单控件是前导菜单标题的子菜单。前面有两个内缩符号(……)的菜单控件是前导菜单的二级子菜单。每个菜单项最多含有 5 级个子菜单。

(3) 编辑区。

编辑区用来对当前选中的菜单控件进行编辑。

① ←、→　取消或产生内缩符号,从而改变菜单控件在菜单中的层次。

② ↑、↓　改变菜单控件在菜单中的位置。

③ 下一个　选中当前菜单控件的下一个菜单控件。

④ 插入　在当前菜单控件的上方加入一个新的菜单控件。

⑤ 删除　删除当前所选中的菜单控件。

4. 建立一个菜单项,标题为"菜单动态修改",有两个子菜单分别为"增加菜单项"和"删除菜单项",在删除菜单项下面加入分隔条,如图 8-8 所示。

图 8-8　菜单运行界面

【要求】　其中子菜单"增加菜单项"的功能是每次选择它时增加一个临时菜单项,标题由用户通过一个对话框输入,子菜单"删除菜单项"的功能是每次选择它时删除一个临时菜单项的最后一项,但不能删除图中的两个基本菜单项。最后,保存窗体文件名为 t4.frm,工程文件名为 t4.vbp。

【操作过程】

(1) 启动 Visual Basic 6.0,新建一个工程。

(2) 启动菜单编辑器:执行"工具"菜单下的"菜单编辑器"命令,打开"菜单编辑器"窗口。

(3) 各菜单项的定义如表 8-3 所示。

表 8-3　属性设置

菜 单 标 题	菜 单 名 称	是 否 可 见	索　引	快　捷　键
菜单动态修改	Modify	可见		
增加菜单项	add	可见		Ctrl+A
删除菜单项	delete	可见		Ctrl+D
—	Addit	可见		
	temp	不可见	0	

(4) 定义一个全局变量,用于临时菜单项对应空间数组元素个数,如下所示。

```
Dim counter As Integer
```

(5) "增加菜单项"代码如下:

```
Private Sub add_Click()
```

```
Item = InputBox("输入下一个菜单项")
counter = counter + 1
Load temp(counter)
temp(counter).Caption = Item
temp(counter).Visible = True
End Sub
```

执行本窗体,通过"增加菜单项",设置 3 个菜单项,这时弹出的输入对话框如图 8-9 所示。分别输入三个菜单项的标题,如图 8-10 所示。

图 8-9 输入临时菜单项窗口

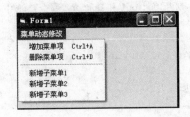

图 8-10 增加子菜单执行效果图

(6)"删除菜单项"代码如下:

```
Private Sub delete_Click()
If counter > 0 Then
Unload temp(counter)
counter = counter - 1
Else
MsgBox "没有可删除的菜单项", vbOKOnly, "信息提示"
End If
End Sub
```

单击一次"删除菜单项",则删除最后的标题为"新增子菜单 3"的菜单项,如图 8-11 所示。

【思考题 4】 窗体上有一个"数值"菜单,分别有 4 个子菜单如图 8-12 所示,窗体上还有一个文本框、两个单选按钮和一个命令按钮。

【要求】 程序运行时,若选中"阶乘"单选按钮,则

图 8-11 删除最后一个菜单项效果图

"1000"和"2000"菜单项不可用;若选中"累加"单选按钮,则"10"和"12"菜单项不可用。选中菜单中的一个菜单项后,单击"计算"按钮,则可得相应的计算结果。运行效果如图 8-13 所示。

图 8-12 思考题 4 菜单项图

图 8-13 思考题 4 执行效果图

【解答】　操作过程如下：

(1) 按题目中要求仿照题目 1 建立菜单项"数值"及 4 个子菜单，菜单项名称为 num，子菜单名称分别为"m10"，"m20"，"m1000"，"m2000"。文本框名称为 Text1，Text 属性为空，单选按钮 Option1 和 Option2 的 Caption 属性分别为"阶乘"和"累加"。命令按钮 Command1 的 Caption 属性为"计算"。

(2) 编写如下代码。

```
Dim n As Integer                                '定义通用变量
Private Sub Command1_Click()
'判断 Option1 和 Option2 哪个被选中,用来判断计算阶乘还是累加
If Option1.Value = True Then
s = 1
For i = 1 To n
s = s * i
Next i
Else
s = 0
For i = 1 To n
s = s + i
Next i
End If
Text1.Text = s
End Sub
Private Sub m10_Click()
    n = 10                                      '选择的是 10 这个数
End Sub
Private Sub m2000_Click()
    n = 2000                                    '选择的是 2000 这个数
End Sub
Private Sub m20_Click()
    n = 20                                      '选择的是 20 这个数
End Sub
Private Sub m1000_Click()
    n = 1000                                    '选择的是 1000 这个数
End Sub
Private Sub Option1_Click()
'如果 Option1 被选中则 1000 和 2000 子菜单不可用
    n = 0
    m1000.Enabled = False
    m2000.Enabled = False
    m10.Enabled = True
    m20.Enabled = True
End Sub
Private Sub Option2_Click()
'如果 Option2 被选中则 10 和 20 子菜单不可用
    n = 0
    m10.Enabled = False
    m20.Enabled = False
    m1000.Enabled = True
```

```
    m2000.Enabled = True
End Sub
```

图 8-14 题目 5 执行效果图

5. 建立一个弹出式菜单,利用弹出式菜单在窗体上显示不同形状的图形。弹出的菜单项如图 8-14 所示。最后,保存窗体文件名为 t5.frm,工程文件名为 t5.vbp。

【操作过程】

(1) 设计菜单:打开菜单编辑器,各菜单项的设置如表 8-4 所示。

表 8-4 属性设置

标　　题	名　　称	可　　见
图形形状	Shape	false
圆形	circle	true
矩形	square	true
椭圆	oval	true

(2) 编写相应的程序代码。

```
Private Sub Form_MouseUp(Button As Integer, Shift As Integer, X As Single, Y As Single)
If Button = 2 Then PopupMenu shape                 '如果单击右键,则弹出菜单
End Sub
Private Sub cirlce_Click()
Shape1.shape = 3
End Sub
Private Sub oval_Click()
Shape1.shape = 2
End Sub
Private Sub square_Click()
Shape1.shape = 1
End Sub
```

【思考题 5】 在窗体上建立一个"编辑"菜单,其下有 3 个子菜单,分别为"剪切"、"复制"和"粘贴",窗体上有 3 个文本框 Text1,Text2,Text3,在属性窗口中修改 Text3 的适当属性,使其在运行时不显示,作为模拟的剪贴板使用。窗体如图 8-15 所示。

【要求】 编写适当代码,使程序实现以下功能:当光标所在的文本框中无内容时,"剪切"和"复制"不可用,否则可以把该文本框中的内容剪切或复制到 Text3 中;若 Text3 中无内容,则"粘贴"不能用,否则可以把 Text3 中的内容粘贴在光标所在的文本框中的内容之后。

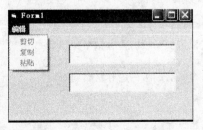

图 8-15 思考题 5 菜单项图

【解答】 操作过程如下:

(1) 按题目要求建立一个菜单项及 3 个子菜单。操作步骤仿题目 1 菜单的建立过程。编辑菜单名称为 edit,3 个子菜单名称分别为 cut,copy,paste。

(2) 在窗体上添加 3 个文本框,将 text3 的 Visible 属性设置为 False,将三个文本框的 Text 属性设置为空。

(3) 编写如下代码。

```
Dim which As Integer                                    '定义通用变量
Private Sub copy_Click()
    If which = 1 Then
        Text3.Text = Text1.Text
    ElseIf which = 2 Then
        Text3.Text = Text2.Text
    End If
End Sub
'判断光标在文本框 1 还是文本框 2 中,将光标所在的文本框的内容复制到模拟剪贴板 text3 中
Private Sub cut_Click()
    If which = 1 Then
        Text3.Text = Text1.Text
        Text1.Text = ""
    ElseIf which = 2 Then
        Text3.Text = Text2.Text
        Text2.Text = ""
    End If
End Sub
'判断光标在文本框 1 还是文本框 2 中,将光标所在的文本框的内容剪切到模拟剪贴板 text3 中
Private Sub edit_Click()
    If which = 1 Then
        If Text1.Text = "" Then                         '如果 text1 为空,剪切和复制菜单不用
            cut.Enabled = False
            Copy.Enabled = False
        Else
            cut.Enabled = True
            Copy.Enabled = True
        End If
    ElseIf which = 2 Then                               '如果 text2 为空,剪切和复制菜单不可用
        If Text2.Text = "" Then
            cut.Enabled = False
            Copy.Enabled = False
        Else
            cut.Enabled = True
            Copy.Enabled = True
        End If
    End If
    If Text3.Text = "" Then                             '如果 text3 为空,粘贴菜单不可用
        Paste.Enabled = False
    Else
        Paste.Enabled = True
    End If
End Sub
Private Sub paste_Click()
    If which = 1 Then
        Text1.Text = Text1.Text & Text3.Text            '将模拟剪贴板的内容粘贴到 text1
    ElseIf which = 2 Then
        Text2.Text = Text2.Text & Text3.Text            '将模拟剪贴板的内容粘贴到 text2
    End If
End Sub
Private Sub Text1_GotFocus()                            '当焦点在 Text1 中时,which = 1
    which = 1
```

```
End Sub
Private Sub Text2_GotFocus()                    '当焦点在 Text2 中时,which = 2
    which = 2
End Sub
```

三、选做题(提高)

选做以下题目,进一步了解通用对话框和菜单的使用。

1. 编写程序,建立一个打开文件夹对话框,然后通过这个对话框选择一个可执行文件,并执行它。例如程序运行后,在对话框中选择 Windows 下的"画图"程序,并执行这个程序。

【提示】

画图在 Windows 里的程序名字是 mspaint. exe。

2. 在窗体上创建一个命令按钮,并使 Caption 属性为"计算机基础";在窗体上添加 activex 控件中的 commondialog 控件,名称为 dcolor。

【要求】 建立命令按钮的快捷菜单,包括命令按钮颜色和窗体颜色,用来设置命令按钮的背景颜色和窗体的颜色,建立窗体的快捷菜单,用来完成命令按钮中字体的设置,包括宋体,隶书及幼圆。

【提示】

(1) 添加通用对话框 CommonDialog 控件;

(2) 分别建立命令按钮和窗体的弹出式菜单;

(3) 设置按钮和窗体的颜色,再设置字体。

四、常见错误提示

1. 通用对话框属性设置

在运行程序当中,CancelError 属性设置为 True,当单击"取消"按钮时,将产生出错信息,如图 8-16 所示。只要将 CancelError 属性修改为 False,就不会出错。

2. 未选择字体名称

在做字体设置实验时如果未选择字体名称,但修改其他字体格式,将产生出错信息,如图 8-17 所示。

图 8-16 错误提示窗口一

图 8-17 错误提示窗口一

单击"调试"按钮,会返回到代码编辑窗口,如图 8-18 所示。

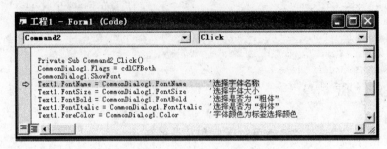

图 8-18　错误提示代码窗口

当已经提示字体名称没有选择的情况下,如果想让它不显示出错信息,可添加如下出错处理代码:

```
 On Error GoTo err2
err2:
  Exit Sub
```

再运行程序,不选字体名称,就不会显示出错信息了,但是对字体格式的修改也无效。

3. 只有标题,没有给菜单一个名称

当建立一个菜单项时,如果没有给菜单项名称,那么会弹出如图 8-19 所示的错误提示对话框。

4. 快捷键设置错误

在给菜单设置快捷键时,只能对子菜单设置,而不能对主菜单项设置,如果选择一个快捷键,那么会弹出如图 8-20 所示的错误提示对话框。

图 8-19　"要求名称"错误提示对话框　　　图 8-20　"快捷键设置"错误提示对话框

五、练习题与解析

（1）语句 CommonDialog1.action＝1,代表显示(　　)。

  A."另存为"对话框　　　　　　　　B."打开"对话框

  C."颜色"对话框　　　　　　　　　D."打印"对话框

【答案】　B。

（2）在窗体上画一个通用对话框,其名称为 CommonDialog1 ,然后画一个命令按钮,并

编写如下事件过程：

```
Private Sub Command1_Click()
CommonDialog1. Filter = "All Files( * . * )| * . * |Text Files"&_
"( * .txt)| * .txt| Executable Files( * .exe)| * .exe"
CommonDialog1. Filterindex = 3
CommonDialog1. ShowOpen
MsgBox CommonDialog1. FileName
End Sub
```

　　程序运行后，单击命令按钮，将显示一个"打开"对话框，此时在"文件类型"框中显示的是（　　）。

　　A. All Files(* . *)　　　　　　　　B. Text files(* .txt)

　　C. Executable Files(* .exe)　　　D. 不确定

【答案】　C。

【解析】　此题中 CommonDialog1. Filterindex＝3 是关键语句，Filter 属性用来指定在对话框中显示的文件类型。Filter 的属性值由一对或多对文本字符串组成，每对字符串用管道符"|"隔开，在"|"之前的部分称为描述符，后面的部分一般为通配符和文件扩展名，称为"过滤器"，如 * .exe 等，各对字符串之间也用管道符隔开。Filterindex 属性用来指定默认的过滤器，在 Filter 属性里第一个过滤器为 1，第二个过滤器为 2，……，此题中选择的是 3，所以应选择 C。

　　（3）窗体上有 1 个名称为 CD1 的通用对话框，1 个名称为 Command1 的命令按钮。命令按钮的单击事件过程如下：

```
Private Sub Command1_Click()
CD1.FileName = ""
CD1.Filter = "All Files| * . * |( * .Doc)| * .Doc|( * .Txt)| * .txt"
CD1.FilterIndex = 2
CD1.Action = 1
End Sub
```

　　关于以上代码，错误的叙述是（　　）。

　　A. 执行以上事件过程，通用对话框被设置为"打开"文件对话框

　　B. 通用对话框的初始路径为当前路径

　　C. 通用对话框的默认文件类型为 * .Txt

　　D. 以上代码不对文件执行读写操作

【答案】　C。

【解析】　同上。

　　（4）以下叙述中错误的是（　　）。

　　A. 调用通用对话框控件的 ShowOpen 方法，能够直接打开在该通用对话框中指定的文件

　　B. 调用同一个通用对话框控件的不同方法（如 ShowOpen 或 ShowSave）可以打开不同的对话框窗口

　　C. 在程序运行时，通用对话框控件是不可见的

　　　　D. 调用通用对话框控件的 ShowColor 方法,可以打开颜色对话框窗口

　　【答案】　A。

　　【解析】　调用通用对话框控件的 ShowOpen 方法,能够直接打开在该通用对话框中指定的文件类型。

　　(5) 在窗体上画一个通用对话框,若要求打开该对话框时,“文件类型”栏只显示扩展名为.jpg 的文件,则通用对话框的 Filter 属性应设置为(　　　)。

　　　　A. “(＊.jpg)＊.jpg”　　　　　　　　　B. “(＊.jpg)|(.jpg)”
　　　　C. “(＊.jpg)|| ＊.jpg”　　　　　　　　D. “(＊.jpg)| ＊.jpg”

　　【答案】　D。

　　(6) 下列不能打开菜单编辑器的操作是(　　　)。

　　　　A. 按 Ctrl＋E
　　　　B. 单击工具栏中的“菜单编辑器”按钮
　　　　C. 按 Shift＋Alt＋M
　　　　D. 执行“工具”菜单中的“菜单编辑器”命令

　　【答案】　C。

　　【解析】　启动菜单编辑器有以下几种方法:

　　① 执行“工具”菜单中的“菜单编辑器“命令。

　　② 单击工具栏中的“菜单编辑器”按钮。

　　③ 在要建立菜单的窗体空白处右击鼠标,在快捷菜单中选择“菜单编辑器”。

　　④ 按快捷键 Ctrl＋E 可快速打开菜单编辑器。

　　所以选项 C 不正确。

　　(7) 以下叙述中错误的是(　　　)。

　　　　A. 在同一窗体的菜单项中,不允许出现标题相同的菜单项
　　　　B. 在菜单的标题栏中,“&”所引导的字母指明了访问该菜单项的访问键
　　　　C. 程序运行过程中,可以重新设置菜单的 Visible 属性
　　　　D. 弹出式菜单也在菜单编辑器中定义

　　【答案】　A。

　　【解析】　在同一窗体的菜单项中,可以出现标题相同的菜单项,如果名称相同,那么就必须设置不同的索引值。在标题栏后(&＋字母)表示可以通过单击字母访问该菜单。可以通过编写代码使程序运行时设置菜单的 Visible 属性。弹出式菜单也要在菜单编辑器中定义,然后通过编写代码实现。

　　(8) 以下关于菜单的叙述中,错误的是(　　　)。

　　　　A. 在程序运行过程中可以增加或减少菜单项
　　　　B. 如果把一个菜单项的 Enabled 属性设置为 False,则可删除该菜单项
　　　　C. 弹出式菜单在菜单编辑器中设计
　　　　D. 利用控件数组可以实现菜单项的增加或减少

　　【答案】　B。

　　【解析】　可以通过代码的编写,利用控件数组动态地增加或减少菜单项,如果把一个菜单项的 Enabled 属性设置为 False,结果是在运行时这个菜单是不可见的,但并不能删除。

弹出式菜单也要在菜单编辑器中定义,然后通过编写代码实现。

(9) 假定有如下事件过程:

```
Private Sub Form_MouseDown(Button As Integer, Shift As Integer, X As Single, Y As Single)
    If Button = 2 Then
        PopupMenu popForm
    End If
End Sub
```

则以下描述中错误的是(　　)。

    A. 该过程的功能是弹出一个菜单

    B. popForm 是在菜单编辑器中定义的弹出式菜单的名称

    C. 参数 X,Y 指明鼠标的当前位置

    D. Button = 2 表示按下的是鼠标左键

【答案】　D。

【解析】　Button = 2 表示按下的是鼠标右键。

(10) 下面关于菜单的叙述中错误的是(　　)。

    A. 各级菜单中的所有菜单项的名称必须唯一

    B. 同一子菜单中的菜单项名称必须唯一,但不同子菜单中的菜单项名称可以相同

    C. 弹出式菜单可用 Popupmenu 方法弹出

    D. 弹出式菜单也用菜单编辑器编辑

【答案】　B。

【解析】　不同子菜单当中的菜单项名称不能相同,如相同则是控件数组需设置索引值。

(11) 在菜单编辑器中建立 1 个名称为 Menu0 的菜单项,将其"可见"属性设置为 False,并建立其若干子菜单,然后编写如下过程:

```
Private Sub Form_MouseDown(Button As Integer,Shift As Integer,X As Single,Y As Single)
If Button = 1 Then
PopupMenu Menu0
End If
End Sub
```

则以下叙述中错误的是(　　)。

    A. 该过程的作用是弹出一个菜单

    B. 单击鼠标右键时弹出菜单

    C. Menu0 是在菜单编辑器中定义的弹出菜单的名称

    D. 参数 X,Y 指明鼠标当前位置的坐标

【答案】　B。

【解析】　Button = 1 表示按下的是鼠标左键。

(12) 窗体上有文本框 Text1 和一个菜单,菜单标题和名称,如表 8-5 所示。要求程序执行时单击"保存"菜单项,则把其标题显示在 Text1 文本框中。下面可实现此功能的事件过程是(　　)。

表 8-5　菜单标题名称

标　题	名　　称
文件	file
新建	new
保存	save

  A. Private Sub save_Click()

   Text1. Text＝file. save. Caption

   End Sub

  B. Private Sub save_Click()

   Text1. Text＝save. Caption

   End Sub

  C. Private Sub file_Click()

   Text1. Text＝file. save. Caption

   End Sub

  D. Private Sub file_Click()

   Text1. Text＝save. Caption

   End Sub

  【答案】 B。

  【解析】 单击"保存"菜单项应把代码写在 save_Click()中,把保存的标题显示在 Text1 文本框中,则应是 Text1. Text＝save. Caption。

实验九

文件系统处理

一、实验目的

（1）了解文件的类型及其访问方式。

（2）熟练掌握文件的建立、打开、关闭和读写操作。

（3）掌握文件系统控件：驱动器列表框、目录列表框及文件列表框。

（4）掌握文件操作语句与函数。

二、实验内容与操作指导

说明：在 E 盘下建立自己的学号文件夹，将完成以下题目的相关文件均存放到此文件夹下。

1. 顺序文件的写操作

【要求】

（1）启动 Visual Basic 6.0，新建一个工程。在窗体上添加一个命令按钮 Command1，设置其 Caption 属性为"写文件"。

（2）编写程序代码如下：

```
Private Sub Command1_Click()
Open "c:\test.txt" For Output As #1
  Print #1, "Visual Basic 6.0", 666.66, Date, True
  Write #1, "Visual Basic 6.0", 666.66, Date, True
  Print #1, "Visual Basic 6.0"; 666.66; Date; True
  Write #1, "Visual Basic 6.0"; 666.66, Date; True
Close #1
End Sub
```

（3）运行程序，在窗体中观察并分析运行结果。

（4）保存文件到自己的学号文件夹，窗体名为 f91.frm，工程名为 f91.vbp。

【操作过程】

（1）启动 Visual Basic 6.0，新建一个工程。在窗体上绘制命令按钮 Command1，选中 Command1，在属性窗口中设置 Caption 属性为"写文件"。

（2）双击命令按钮（或在工程管理器窗口中单击"查看代码"按钮）进入代码窗口。在

Command1_Click()事件中输入所要求的程序代码。

（3）选择"运行"菜单中的"启动"命令，或工具栏上的"启动"按钮，运行程序。在出现的Form1窗体中单击命令按钮，则完成写文件操作。然后打开C:\test.txt文件，观察其内容，如图9-1所示。

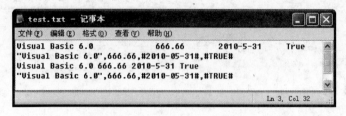

图 9-1　顺序文件 test.txt 内容

从 test.txt 文件内容可以看出，Print 语句与 Write 语句是有区别的。Print 输出到文件的数据格式与 Print 方法输出格式是相同的，而 Write 输出将每一项以逗号分隔，字符串数据会加上引号，逻辑型数据和日期型数据会加上井号（♯）。

（4）保存文件。选择"文件"菜单下的"保存"命令，弹出"文件另存为"对话框，文件名取 f91.frm 保存，弹出"工程另存为"对话框，输入工程名 f91.vbp 保存。

【思考题1】　文件的概念是什么？什么是顺序文件、随机文件、二进制文件？

【解答】　文件是指存储在计算机外部存储介质上（磁盘及磁带等）的信息集合。根据文件的存放形式，将数据文件分为三种类型。

顺序文件：即普通的文本文件。文件中的数据顺序存放，且只提供第一个数据的存储位置。数据被存储为 ANSI 字符。

随机文件：由固定长度的记录集合组成。记录是随机文件的最小单位，可将文件指针定位在任意一条记录上进行读写。数据以二进制方式存储。

二进制文件：用来存储任何类型的数据，基本元素是字节，存放数据的二进制的值。

2. 顺序文件的读操作

【要求】

（1）在题目1的窗体上再添加一个名称为 Command2，标题为"读文件"的命令按钮和一个名称为 Text1 文本框，文本框为多行且初始内容为空，有水平和垂直滚动条。

（2）编写适当的事件过程，使得程序运行时，单击命令按钮将 C:\test.txt 文件内容读出，并显示到文本框 Text1 中，运行情况如图 9-2 所示。

（3）另存文件，窗体名为 f92.frm，工程名为 f92.vbp。

【操作过程】

（1）在窗体上绘制命令按钮 Command2，选中它，在属性窗口中设置 Caption 属性为"读文件"。在窗体上再绘制一个文本框，选中文本框，在属性窗口中清除 Text 属性中的文本，设置 MultiLine 属性为 True，ScrollBars 为 2。

图 9-2　程序运行结果

（2）双击命令按钮 Command2（或在工程管理器窗口中单击"查看代码"按钮）进入代码

窗口。在 Command2_Click() 事件中输入如下程序代码：

```
Private Sub Command2_Click()
Open "c:\test.txt" For Input As #1
 Do While Not EOF(1)
  Input #1, str1
   Text1.Text = Text1.Text & str1
 Loop
Close #1
End Sub
```

（3）选择"运行"菜单中的"启动"命令，或工具栏上的"启动"按钮，运行程序。在出现的 Form1 窗体中单击"读文件"命令按钮 Command2，则文本框中显示 test.txt 中的文本内容。

（4）另存文件。选择"文件"菜单下的"form1.frm 另存为"命令，打开"文件另存为"对话框，文件名取为 f92.frm，保存；之后再选择"文件"菜单下的"工程另存为"命令，打开"工程另存为"对话框，文件名取为 f92.vbp，保存。

【思考题 2】　在本题 f92.vbp 中，如何修改程序，使得文本框按照 test.txt 的文件的格式（4 行）显示文本？

【解答】　这里首先要了解一下 Input 语句、Line Iput 语句和 Input 函数的功能与区别。

（1）Input 语句在读入文件的数据时，按文件中的分隔符来区分数据项，所以分隔符不被读入。一般用于读入由 Write 语句写入文件的数据。

（2）Line Iput 语句是整行读入文件中的数据，这里的整行是从当前指针到回车或换行符之间的数据，不包括回车换行符。

（3）Input 函数可以指定要返回字符的个数，可以读取包括回车符、换行符和空格符等在内的任何字符。

所以可以修改程序代码为：

```
Private Sub Command2_Click()
Open "c:\test.txt" For Input As #1
 Do While Not EOF(1)
  Line Input #1, Str1                        '语句 1
   Text1.Text = Text1.Text & Str1 & vbCrLf    '语句 2
 Loop
Close #1
End Sub
```

另一种方法是将语句 1 和语句 2 改为：

```
Str1 = Input(1, #1)
Text1.Text = Text1.Text & Str1
```

3. 文件操作语句与函数

【要求】

（1）新建工程，按照图 9-3 所示添加两个按钮、两个标签和一个文本框。

（2）编写适当的事件过程，完成如图 9-3 所示的功能，使得程序运行时单击命令按钮，则在当前运行的程序所在的目录中创建文件 a.txt，文件中存入随机产生的 30 个大于 10 小

图 9-3　程序运行结果

于 100 的整数；返回文件的长度到标签 Label2 中。

（3）单击 Command2 时，打开 a. txt 文件到尚未被占用的头一个文件号，将文本框 Text1 中的数值追加到 a. txt 中，刷新 Label2 的文件长度。

（4）保存文件到自己的学号文件夹，窗体名为 f93. frm，工程名为 f93. vbp。

【操作过程】

（1）在窗体上绘制两个按钮、两个标签和一个文本框，选择相应对象按照表 9-1 设置各对象的属性。

表 9-1　属性设置

对　　象	属　性	属　性　值	说　　明
Command1	Caption	创建数据文件	命令按钮的标题
Label1	Caption	文件的长度为：	标签的标题
Label2	Caption	空白	初始时标签内容为空
Command2	Caption	追加数据到文件	命令按钮的标题
Text1	Text	空白	初始时文本框内容为空

（2）双击控件或在工程管理器窗口中单击"查看代码"按钮进入代码窗口。设计如下程序代码：

```
Private Sub Command1_Click()
Open App. Path & "\a. txt" For Output As #1
  For i = 1 To 30
    Print #1, Int(Rnd * 90 + 10)
  Next i
  Label2. Caption = LOF(1)
Close #1
End Sub

Private Sub Command2_Click()
FileNo = FreeFile                          '获取尚未被占用的文件号
Open App. Path & "\a. txt" For Append As FileNo
  Print #1, Val(Text1. Text)
  Label2. Caption = LOF(1)
Close #1
End Sub
```

（3）选择"运行"菜单中的"启动"命令，或工具栏上的"启动"按钮，运行程序。在出现的 Form1 窗体中单击"创建数据文件"命令按钮，则当前目录生成 a. txt。

在文本框中输入数据后单击"追加到数据文件"，则文本框中的内容追加到 a. txt 中。

（4）保存文件。选择"文件"菜单下的"保存"命令，弹出"文件另存为"对话框，文件名取为 f93.frm，保存，弹出"工程另存为"对话框，输入工程名 f93.vbp，保存。

【思考题 3】 文件的打开方式有几种？必须有相应的文件存在吗？

【解答】 文件的打开方式有：Output（对文件进行写操作）、Append（在文件末尾追加记录）、Input（对文件进行读操作）。在这三种方式中，除了 Input 外，其他的方式不必须有相应的文件，可以对不存在的文件先建立再打开。

4. 文件系统控件的使用

【要求】

（1）新建工程，向窗体添加一个 DriveListBox 控件、一个 DirListBox 控件和一个 FileListBox 控件。然后设置驱动器列表框控件的初始驱动器为 c:\，文件的过滤器为 *.exe，使只有 c 盘下面的以 *.exe 结尾的可执行文件才能够显示出来。

（2）编写代码使三个控件同步，即当改变驱动器时，目录列表框中的内容跟着所选驱动器的变化而变化；改变目录时，使文件列表框中的内容跟着目录列表框中所选文件夹的不同而不同。

（3）运行程序，选择各个控件观察变化，运行情况如图 9-4 所示。

图 9-4 程序运行结果

（4）保存文件，窗体名为 f94.frm，工程名为 f94.vbp。

【操作过程】

（1）按照图 9-4 所示在窗体上绘制驱动器列表框控件、目录列表框控件和文件列表框控件，属性和名称保持默认。

（2）当驱动器列表框中的驱动器改变时触发驱动器列表框的 Change 事件，当双击目录列表框中某个目录时，触发目录列表框的 Change 事件。为了使三个控件同步，要在这两个 Change 事件处理过程中设置相应的代码。进入代码窗口，设计代码如下：

```
Private Sub Form_Load()
Drive1.Drive = "c:\"            '设置控件的初始驱动器为 c 盘
File1.Pattern = "*.EXE"         '设置过滤器,使之只显示可执行文件
End Sub


Private Sub Drive1_Change()
Dir1.Path = Drive1.Drive        '驱动器改变时,使目录列表框中的内容跟着变化
End Sub


Private Sub Dir1_Change()
File1.Path = Dir1.Path          '目录改变时,使文件列表框中的内容跟着变化
End Sub
```

（3）选择"运行"菜单中的"启动"命令，或工具栏上的"启动"按钮，运行程序。

（4）保存文件。选择"文件"菜单下的"保存"命令，弹出"文件另存为"对话框，文件名取为 f94.frm，保存，弹出"工程另存为"对话框，输入工程名 f94.vbp，保存。

【思考题 4】 文件系统控件的种类、重要属性和重要事件有哪些？

【解答】

（1）文件系统控件种类。

① 驱动器列表框（DriveListBox）：用来显示当前机器上的盘符。

② 目录列表框（DirListBox）：用来显示当前盘上的文件夹。

③ 文件列表框（FileListBox）：用来显示当前文件夹下的文件名。

（2）重要属性，如表9-2所示。

表9-2　文件系统控件的重要属性

属　　性	适用的控件	作　　用	示　　例
Drive	驱动器列表框	包含当前选定的驱动器名	Driver1. Drive＝"C"
Path	目录和文件列表框	包含当前路径	Dir1. Path＝"C:\WINDOWS"
FileName	文件列表框	包含选定的文件名	MsgBox File1. FileName
Pattern	文件列表框	决定显示的文件类型	File1. Pattern＝"＊.BMP"

（3）重要事件，如表9-3所示。

表9-3　文件系统控件的重要事件

事　　件	适用的控件	事件发生的时机
Change	目录和驱动器列表框	驱动器列表框的 Change 事件是在选择一个新的驱动器或通过代码改变 Drive 属性的设置时发生。目录列表框的 Change 事件是在双击一个新的目录或通过代码改变 Path 属性的设置时发生
PathChange	文件列表框	当文件列表框的 Path 属性改变时发生
PattenChange	文件列表框	当文件列表框的 Pattern 属性改变时发生
Click	目录和文件列表框	用鼠标单击时发生
DblClick	文件列表框	用鼠标双击时发生

三、选做题（提高）

选做以下题目，进一步熟悉文件的概念，顺序文件及随机文件的读写操作。

1. 随机产生一个 5×5 的二维数组，数组元素为 0～99 的整数，将所有元素以矩阵的形式写入文件 text1.txt，同时显示在窗体上，程序运行效果如图 9-5 所示。

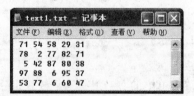

图 9-5　选做题目 1 程序运行效果（窗体及文件）

【提示】

（1）产生并显示数组需要双层循环，换行语句设置在外层循环。

（2）输出时可以使用 Format 函数，使数据按所需格式输出显示。

2．自定义一个学生信息类型，其中包括 4 个字段：学号 6 字节，姓名 8 字节，性别 2 字节，年龄为整型。

设计一个窗体，两个按钮，单击按钮 Command1 把如下两条记录写入文件 ranfile.txt。

```
990101 李向东   男 18
990102 高 晶    女 19
```

单击按钮 Command2 读出记录 2 中的姓名字段，求出其长度并显示姓名及长度在窗体上，然后将编辑后的文件存盘，程序运行效果如图 9-6 所示。

图 9-6　选做题目 2 程序运行效果（窗体及文件）

【提示】

（1）自定义类型使用 Type 在模块中定义。

（2）随机文件的写操作使用 Put，读操作使用 Get。

3．设计一个简易的文本编辑器，界面如图 9-7 所示。要求使用"文件系统控件"选择驱动器、路径和文件类型，打开指定的文件进行编辑，并将编辑后的文件存盘。

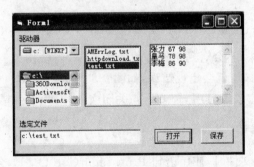

图 9-7　选做题目 3 程序运行效果（窗体及文件）

【提示】

（1）使驱动器列表框、目录列表框和文件列表框三控件同步。

（2）打开文件可以使用二进制形式打开，然后使用 Input 函数一次性读入，这样可以一次性读入所有字符，包括回车换行符。

四、常见错误提示

1．App.Path 的使用错误

例如，Open App.Path & "a.txt" For Output As ♯1 这条语句使用后虽然没有提示有错误，但是在当前程序所在目录下找不到 a.txt。这是因为 App.Path 的末尾没有"\"，应该改为：Open App. Path & "\a. txt" For Output As ♯1。

App. Path 可以理解为是一个变量，它是一个字符串变量，值就是当前运行的程序所在的路径。例如，程序的执行文件在 C 盘的 a 文件夹中，那么此时 App. Path 就等于"C:\a"。

如果想得到"C:\a\dataout. txt"这个完整的路径，那么假设不要"\"，即 lujing＝App. Path & "dataout. txt"，那么得到的结果是 lujing＝"C:\adataout. txt"，这样的路径是不完整的，缺少了"\"，要加上"\"才能得到完整的 lujing＝"C:\a\dataout. txt"这个路径。这其实是利用了 App. Path 是一个字符串变量的属性，相当于利用它组成一个完整的路径字符串。

2. 在顺序文件中换行错误

换行时使用：Print 或 Print 1，都是错误的。

这两种方法语句都不会提示错误，使用 Print 时为窗体上换行，使用"print 1,"为在窗体上输出 1 并定位输出点位下一区。正确的语句是：Print ♯1，这里的"♯"号不可少。

3. 文件号使用错误

文件号的使用一般有两种方法，第一种方法是打开文件时直接使用文件号，如下所示。

```
Open "d:\text1.txt" For Output As ♯1
```

第二种方法是使用函数获得文件号，如下所示。

```
fileno = FreeFile
Open App.Path & "\ranfile.txt " For Output As fileno
```

推荐使用第二种方法，不会遇到文件号的使用错误，当使用第一种的时候，如果前面使用♯1打开文件没有关闭时，就会出现错误，如图 9-8 所示。

所以在编程的时候应该及时用 close 语句关闭文件，避免发生错误。

4. Input 函数使用错误

在编程中，顺序打开文件时，使用语句 Print Input(lof(1)，1) 会提示"超出文件尾"，如图 9-9 所示。为什么会出现这样的情况呢？如何避免？

图 9-8　"文件已打开"错误提示

图 9-9　"输入超出文件尾"错误提示

Input 函数的第一个参数是要读入的字符数，它采用的是和 Len 一样的计数方式，即一个英文字母算一个字符，而一个汉字（两个字节）算一个字符。而 LOF 函数和 FileLen 函数都返回的是字节数，如果文件中有 100 个汉字，那么 LOF 函数和 FileLen 函数返回文件长度 200 个字符,执行 Input(200,filenum1),VB 读到第 100 个汉字时就把文件读完了,所以提示错误:"输出超出文件尾"。而二进制就不同了,在二进制中,以字节为单位,一个汉字占两个字节,所以不会出现错误,也就是说可以使用二进制形式打开文件,然后使用 Input 函数。

五、练习题与解析

(1) 已知 C:\1.txt 是一个非空文件,其程序代码为:

```
Private Sub Command1_Click()
    Dim MaxSize,NextChar,MyChar
    Open "C:\1.txt" For Input As #1
    MaxSize = LOF(1)
    For NextChar = MaxSize to 1 Step -1
    Seek #1,NextChar
    MyChar = Input(1,#1)
    Next NextChar
    Print EOF(1)
    Close #1
End Sub
```

程序运行后,单击命令按钮,其输出结果为(   )。

A. True   B. False   C. 0   D. Null

【答案】 A。

【解析】 因为 For 循环开始时,NextChar=MaxSize 执行"Seek #1,NextChar",文件指针指向文件尾,EOF(1)为真,循环结束后,文件指针指向文件的开始处。

(2) 在用 Open 语句打开文件时,如果省略"For 方式",则该文件的存取方式是(   )。

A. 顺序输入方式   B. 顺序输出方式

C. 随机存取方式   D. 二进制方式

【答案】 C。

【解析】 Open 语句的完整格式为:

Open pathname For mode [Access access][look] As [#]filenumber[Len = reclength]FK)

其中,mode 表示指定文件打开方式,有 Append、Binary、Input、Output 和 Random 方式。

如果未指定方式,则以 Random 访问方式打开。

(3) 窗体上有 1 个名称为 Text1 的文本框和 1 个名称为 Command1 的命令按钮。要求程序运行时,单击命令按钮就可以把文本框中的内容写到文件 out.txt 中,每次写入的内容附加到文件原有内容之后。下面能够正确实现上述功能的程序是(   )。

A. Private Sub Command1_Click()

      Open "out.txt" For Input As #1

      Print #1,Text1.text

      Close #1

```
        End Sub
B.  Private Sub Command1_Click()
        Open "out. txt" For Output As #1
        Print #1,Text1. text
     Close #1
    End Sub
C.  Private Sub Command1_Click()
        Open "out. txt" For Append As #1
        Print #1,Text1. text
        Close #1
    End Sub
D.  Private Sub Command1_Click()
        Open "out. txt" For Random As #1
        Print #1,Text1. text
     Close #1
    End Sub
```

【答案】　C。

【解析】　打开文件的命令是 Open,其常用的形式是:Open 文件说明[For 方式][Access 存取类型][锁定]As[文件号][Len＝记录长度]。本题的要求是当单击命令按钮时,可把文本框中的内容写到 out. txt 中,并且每次写入的内容附加到文件原有内容之后,所以方式应选择 Append,指定顺序输出方式,即当用 Append 方式打开文件时,文件指针被指定在文件尾。如果对文件执行写操作,则写入的数据附加到原来的文件的后面,因此选项 C 是正确的。而选项 A 表示是读入文件内容,不是输出内容到文件,选项 B 是输出内容到文件,但是每次都将原来文件的内容覆盖,选项 D. 也是会将原来的内容覆盖。

（4）以下关于文件的叙述中,错误的是(　　)。

　　A. 使用 Append 方式打开文件时,文件指针被定于文件尾

　　B. 当以输入方式(Input)打开文件不存在时,建立一个新文件

　　C. 顺序文件各记录的长度可以不同

　　D. 随机文件打开后,既可以进行读操作,也可以进行写操作

【答案】　B。

【解析】　使用 Open 语句打开文件时,打开文件的方式如果为"输入"(Input),打开的文件不存在时则产生"文件未找到"错误;如果为"输出"(Output)、"附加"(Append)或"随机访问"(Random)方式,打开的文件不存在时则建立相应的文件。

（5）在程序的空白行填写适当的语句,使程序完成相应的处理。事件过程的功能是:从已存在于磁盘的顺序文件 Data2 中读出数据的平方值。将该数据及其平方值存入新的顺序文件 Data3 中。

```
Private Sub From_Click()
    Dim x As Single,y As Single
    Open "Data2.dat" For Input As #2
```

```
Open "Data3.dat" For Input As #3
Do While Not EOF(1)
_____
Print x,
y = x * x
_____
Print y
Loop
Close #2, #3
End Sub
```

【答案】 Input #2,x   print #3,x,y

【解析】 本题考核顺序文件的读写操作。

事件过程中,顺序文件的打开、关闭语句都正确,循环结构的使用也正确。事件过程的功能是:从 Data2.dat 中读取数据,向 Data3.dat 中写入数据。程序中没有对数据文件进行读和写的语句,空白行要填写的语句正是对顺序文件读数据和写数据的语句。要根据程序相关性的内容,确定对文件的读、写语句中使用的文件号及变量名。

(6) 设有语句:Open "D:\Test.txt" For Output As #1,以下叙述中错误的是(   )。

    A. 若 D 盘根目录无 Test.txt 文件,则该语句创建文件

    B. 用该语句建立的文件的文件号为 1

    C. 该语句打开 D 盘根目录下一个已存在的文件 Test.txt,之后就可以从文件中读取信息

    D. 执行该语句后,就可以通过 Print# 语句向文件 Test.txt 中写入信息

【答案】 C。

【解析】 打开顺序文件的基本格式为:

```
Open FileName For Mode As #FileNumber
```

其中,FileName 表示要打开的文件的路径;Mode 为打开模式:Output 用于输出,Append 用于追加写入,Input 用于读取;FileNumber 为打开文件时指定的句柄。Input# 语句用于读取打开的顺序文件中一项(或多项)内容给一个变量(或多个变量),Line Input# 语句常用于按行读取,Close# 语句用于关闭打开的文件,Print# 语句用于对顺序文件进行写操作。

使用 Open 语句打开文件时,打开文件的方式如果为"输入"(Input),打开的文件不存在时则产生"文件未找到"错误;如果为"输出"(Output)、"附加"(Append)或"随机访问"(Random)方式,打开的文件不存在时则建立相应的文件。

(7) 在窗体上画 1 个文本框,名称为 Text1,然后编写如下程序:

```
Private Sub Form_Load()
    Open "D:\temp\dat.txt" For Output As #1
    Text1.text = " "
End Sub
Private Sub Text1_KeyPress(KeyAscii As Integer)
    If _____ = 13 Then
        If UCase(Text1.text) = _____ Then
```

```
          Close 1
          End
          Write #1,_____
          Text1.Text = " "
          End If
          End If
      End Sub
```

以上程序的功能是：在小写盘 temp 目录下建立 1 个名为 dat.txt 的文件，在文本框中输入字符，每次按 Enter 键(回车符的 ASCII 码是 13)都把当前文本框的内容写入文件 dat.txt，并清除文本框中的内容；如果输入 END，则结束。请填空。

【答案】　KeyAscii　　"END"　　Text1.text

【解析】　KeyPress 事件的参数 KeyAscii 用来识别按键的 ASCII 码。如果要结束程序，则要向文本框输入"END"(不分大小写)。Write # 语句的格式为"Write # 文件号，表达式表"，即将表达式表中的内容写入到文件号对应的文件中。

(8) 设 num 为整型变量，且已赋值，student 为自定义变量。数据文件已经打开，文件号为 5。下列语句错误的是(　　)。

　　A. Put 5,5,student　　　　　　　　B. Put #5,num,student

　　C. Put 5, ,student　　　　　　　　D. Put num, #5,student

【答案】　D。

【解析】　本题考核 Put 语句的使用方法。选项 A 正确，Put 语句的"#"可以省略不写，这时第 1 个参数代表文件号；选项 B 正确，Put 语句中的第 2 个参数是记录号，记录号可以是整型变量，这里用 num 表示记录号；选项 C 正确，Put 语句的第 2 个参数可以省略不写，若默认(但逗号不可以不写)表示将数据写入当前记录；选项 D 错误，这时 num 的值如果不是 5，则不将数据写入文件号为 5 的文件号中。

(9) 根据存取方式和结构，文件分为(　　)和(　　)。

【答案】　顺序文件　　随机文件

【解析】　文件可以根据不同方法分类，如根据存取方式和结构，文件分为顺序文件和随机文件；根据数据的编码方式，文件分为 ASCII 文件(文本文件)和二进制文件等。

Visual Basic期末模拟试题与答案

一、选择题

(1) 在设计阶段,当双击窗体上的某个控件时,所打开的窗口是(   )。

    A. 代码窗口   B. 工具箱窗口

    C. 工程资源管理器窗口   D. 属性窗口

(2) 以下叙述错误的是(   )。

    A. 打开一个工程文件时,系统自动装入与该工程有关的窗体和标准模块等文件

    B. 保存 VB 程序时,应分别保存窗体文件及工程文件

    C. VB 应用程序只能以解释方式运行

    D. 在 VB 中,对象所能响应的事件是由系统定义的

(3) 程序运行后,在窗体上单击鼠标,此时窗体不会接收到的事件是(   )。

    A. MouseDown   B. MouseUp

    C. Load   D. Click

(4) 设有如下语句:

```
Dim a,b As Integer
c = "VisualBasic"
d = #7/20/2005#
```

以下关于这段代码的叙述中,错误的是(   )。

    A. a 被定义为 Integer 类型变量   B. b 被定义为 Integer 类型变量

    C. c 中的数据是字符串   D. d 中的数据是日期类型

(5) 以下能从字符串"VisualBasic"中直接取出子字符串"Basic"的函数是(   )。

    A. Left   B. Mid   C. Str   D. InStr

(6) 如果有声明 Dim a(5,1 to 5) As Integer(在模块的通用声明位置处无 Option Base 语句),则该数组在内存中占据的字节数是(   )。

    A. 25   B. 30   C. 50   D. 60

(7) 表达式 12 & 34 的结果是(   )。

    A. 1234   B. "1234"   C. 46   D. "46"

(8) Dim x As Integer, y As Integer, z A s Integer

```
    x = 3
    y = 4
```

```
z = x = y
Print x; y; z
```

上面语句执行后,显示的结果是(　　)。

A. 3 4 0　　　　　B. 3 4 False　　　　C. 3 4 True　　　D. 3 4 - 1

(9) 在窗体上画一个名称为 Command1 的命令按钮,然后编写如下事件过程:

```
Private Sub Command1_Click()
x = InputBox("Input")
Select Case x
Case 1 to 5
Print "分支 1"
Case 1,5,7
Print "分支 2"
Case Is < = 5
Print "分支 3 "
End Select
End Sub
```

程序运行后,如果在输入对话框中输入 5,则窗体上显示的是(　　)。

A. 分支 1　　　　　B. 分支 2　　　　　C. 分支 3　　　　D. 程序出错

(10)
```
Private Sub Command1_Click()
    x = InputBox("输入","输入整数")
    MsgBox "输入的数据是:",0,"输入数据:" + x
    End sub
```

程序运行后,单击命令按钮,如果从键盘上输入整数 10,则以下叙述中错误的是(　　)。

　A. x 的值是数值 10

　B. 输入对话框的标题是"输入整数"

　C. 信息框的标题是"输入数据:10"

　D. 信息框中显示的信息是"输入的数据是:"

(11) 当 x=－5 时,下列语句执行后 y 的值是(　　)。

```
Y = IIF(sgn(x),sgn(x^2), sgn(x))
```

A. －5　　　　　B. 25　　　　　C. －1　　　　　D. 1

(12) 下列 VB 程序段运行后,变量 n 的值为(　　)。

```
n = 0
For x = 3 to 12 Step 2
    n = n + 1
Next x
```

A. 5　　　　　B. 6　　　　　C. 9　　　　　D. 13

(13) 在窗体上画一个列表框和一个命令按钮,其名称分别为 List1 和 C1,然后编写如下事件过程:

```
Private Sub Form_Load()
    List1.AddItem "Item1"
```

```
        List1.AddItem "Item2"
        List1.AddItem "Item3"
End sub
Private Sub C1_click()
        List1.list(List1.ListCount) = "AAA"
End sub
```

程序运行后,单击命令按钮,其结果为(   )。

A. 把字符串"AAA"添加到列表框中,但位置不能确定

B. 把字符串"AAA"添加到列表框的最后(即"Item3"的后面)

C. 把列表框中原有的最后一项改为"AAA"

D. 把字符串"AAA"插入到列表框的最前面(即"Item1"的前面)

(14) 关于图片框 Picture1 和图像框 Image1,以下叙述中错误的是(   )。

A. Picture1 是容器;Image1 不是容器

B. Picture1 能用 Print 方法显示文本,而 Image1 不能

C. Picture1 中的所有内容表示为 Picture1.Image;Picture1 中的图形表示为 Picture1.Picture

D. Picture1 用 Stretch 属性对图片进行大小调整;Image1 用 Autosize 属性控制图片框的尺寸自动适应图片的大小

(15) 以下控件不可作为其他控件容器的是(   )。

A. ComboBox   B. Frame   C. PictureBox   D. Form

(16) 关于滚动条下列说法中错误的是(   )。

A. 滚动条有垂直滚动条和水平滚动条两种

B. 滚动条的最小值、最大值、最小变动值和最大变动值属性均可在属性窗口中设置

C. 滚动条所处的位置可由 Value 属性标识

D. 引发 Scroll 事件的同时,也引发 Change 事件

(17) 在窗体上画一个文本框、一个计时器控件和一个命令按钮,名称分别为 Text1、Timer1 和 C1,在属性窗口中把计时器的 Interval 属性设置为 1000,Enabled 属性设置为 False。程序运行后,如果单击命令按钮,则每隔一秒钟在文本框中显示一次当前的时间。以下是实现上述操作的程序:

```
Private Sub C1_Click()
    Timer1.?
End Sub
Private Sub Timer1_Timer()
    Text1.Text = Time
End Sub
```

在 ? 处应填入的内容是(   )。

A. Enabled=true   B. Interval=1000   C. visible=true   D. visible=false

(18) 设有如下代码:

```
Private Sub Command1_Click()
```

```
Dim a(1 to 30) As Integer,arr1 as Integer
For i = 1 to 30
    a(i) = Int(Rnd * 100)
Next i
For each arr1 In a
    If arr1 Mod 7 = 0 Then Print arr1;
    If arr1 > 90 Then Exit for
Next
End Sub
```

下列说法中,错误的是(　　)。

A. 数组 a 中的数据是 30 个[1,100]内的随机整数

B. 语句 For each arr1 In a 有语法错误

C. 语句 If arr1 Mod 7＝0 Then Print arr1;的功能是输出数组中能够被 7 整除的数

D. 语句 If arr1＞90 Then Exit for 的作用是当数组元素的值大于 90 时退出 for 循环

(19) 已执行语句:

```
Dim a()
Redim a(10,15)
```

在此之后,若分别使用下列 Redim 语句,则哪些语句有错误?(　　)

```
Redim Preserver a(10, Ubound(a) + 1)      '语句①
Redim a(Ubound(a) + 1,10)                 '语句②
Redim Preserver a(Ubound(a) + 1,10)       '语句③
Redim a(10)                               '语句④
```

A. 语句①③　　　　B. 语句③④　　　　C. 语句①②③　　　D. 语句①②③④

(20) 在窗体上有　个名称为 Text1 的文本框和一个名称为 Command1 的命令按钮,有如下事件过程:

```
Private Sub Command1_Click()
    Dim array1(10,10) As Integer
    Dim i As Integer, j As Integer
    For i = 1 To 3
    For j = 2 To 4
        array1(i,j) = i + j
    Next j
    Next i
    Text1.text = array1(2,3) + array1(3,4)
End sub
```

程序运行后,单击命令按钮,在文本框中显示的值是(　　)。

A. 12　　　　　　　B. 13　　　　　　　C. 14　　　　　　　D. 无法计算

(21) 关于数组,以下正确的是(　　)。

A. 在某事件过程内部,利用 Private 关键字定义的数组称为局部数组

B. 数组声明时下标的下界可以省略,可以用 Option Base n 语句控制下界,n 可取任意整数值

　　　C. 数组元素的下标可以是 Single 类型的常数

　　　D. 固定数组的元素个数可以改变

（22）下列程序段的执行结果是（　　　）。

```
Dim M(10), N(10)
For T = 1 To 5
    M(T) = 2 * T
    N(T) = T + M(T)
Next T
Print N(T - 1); M(T)
```

　　　A. 15　0　　　　　　　B. 0　10　　　　　　C. 15　10　　　　　　D. 10　15

（23）以下关于过程的叙述中，错误的是（　　　）。

　　　A. 事件过程是由某个事件触发而执行的过程

　　　B. Sub 过程中不可以嵌套定义 Sub 过程

　　　C. 可以在事件过程中调用通用过程

　　　D. 事件过程可以由用户定义过程名

（24）设有如下通过 Sub 语句定义的 Exam 过程：

```
Sub Exam( x As Integer)
```

　　　则调用该过程正确的语句是（　　　）。

　　　A. a＝Exam(100)　　　　　　　　B. Print Exam(9)

　　　C. Exam(100)　　　　　　　　　　D. Call Exam(100)

（25）程序代码如下：

```
Private Sub Form_Click()
    Dim a As Integer, b As Integer
    a = 6
    b = 18
    Call swap(a, b)
    Print a; b
End Sub
Private Sub swap(ByVal x As Integer, y As Integer)
    Dim temp As Integer
    temp = x
    x = y
    y = temp
End Sub
```

　　　程序运行后，单击窗体，则窗体上显示的结果是（　　　）。

　　　A. 6 18　　　　　　　B. 18 6　　　　　　　C. 6 6　　　　　　　D. 18 18

（26）以下关于变量作用域的叙述中，正确的是（　　　）。

　　　A. 窗体中凡被声明为 Private 的变量只能在某个指定的过程中使用

　　　B. 用 Public 在标准模块的通用声明处定义的变量是全局变量

　　　C. 模块级变量只能用 Private 关键字声明

　　　D. Static 类型变量的作用域是它所在的窗体或模块文件

(27) 在窗体上有两个文本框和两个命令按钮,编写如下程序,选项中关于此段程序的正确说法是(　　)。

```
Private Sub Command1_Click()
  Dim x As Integer
  x = x + 1
  Text1.Text = x
End Sub
Private Sub Command2_Click()
  Static x As Integer
  x = x + 1
  Text2.Text = x
End Sub
```

A. 两个命令按钮的 Click 事件过程中的 x 生存期是一样的

B. 命令按钮 1 的 Click 事件过程中的 x,过程每次调用都重新初始化

C. 命令按钮 2 的 Click 事件过程中的 x,过程每次调用都重新初始化

D. 两个命令按钮的 Click 事件过程中的 x 作用域都是整个窗体模块

(28) 假定一个工程由两个窗体文件 Form1、Form2 和一个标准模块文件 Model1 组成。

Form1 模块的代码如下:

```
Private Sub Form_Click()
 Form1.Hide
 Form2.Show
End Sub
```

Form2 模块的代码如下:

```
Private Sub Form_Click()
 Form2.Hide
 Form1.Show
End Sub
```

Model1 代码如下:

```
Public x As Integer
Sub main()
    x = val( InputBox("请输入一个整数"))
    If x Mod 2 = 0 Then
        Form1.Show
    Else
        Form2.Show
    End If
End Sub
```

其中 Sub main 被设置为启动过程。程序运行后,在弹出的输入框中输入 3,则各模块的执行顺序是(　　)。

　　A. Form1→Model1→Form2　　　　B. Model1→Form2→Form1

　　C. Form2→Model1→Form1　　　　D. Model1→Form1→Form2

(29) 以下关于过程参数传递的叙述中,正确的是(　　)。

A. 在调用过程时,与使用 ByRef 说明的形参对应的实参只能按地址传递方式结合

B. 用数组作为过程的参数时,既能以传值方式传递,也能以传地址方式传递

C. 在过程调用中,要求形参表与实参表中的参数之间个数相等、数据类型匹配、顺序一致

D. 如果一个形参前既无 ByVal 也无 ByRef,则该形参要求按值传递

(30) 有如下函数( )

```
Function fun(a As Integer, n As Integer) As Integer
Dim m As Integer
Do While a >= n
    a = a - n
    m = m + 1
LOOP
    fun = a
End Function
```

该函数的返回值是( )。

A. a 乘以 n 的乘积　　　　　　　　B. a 中 n 的个数

C. a 减 n 的差　　　　　　　　　　D. a 除以 n 的余数

二、填空题

(1) 下面程序的功能是从键盘输入 1 个大于 100 的整数 m,计算并输出满足不等式 $1+2^2+3^2+\cdots+n^2 < m$ 的最大的 n。程序中有两处空白,均在 FOUND 下面一行的 ? 处,将程序补充完整。把问号处应该填写的内容分别写入解答文本框中。

```
Private Sub Command1_Click()
  Dim s, m, n As Integer
  m = Val(InputBox("请输入一个大于 100 的整数"))
'*********** FOUND **************
  n = ?【1】
  s = 0
  Do While s < m
    n = n + 1
    s = s + n * n
  Loop
'*********** FOUND **************
  Print "满足不等式的最大 n 是"; ?【2】
End Sub
```

(2) 在窗体上画一个名称为 Text1 的文本框,然后画 3 个单选按钮,并用这 3 个单选按钮建立一个控件数组,名称为 Option1,Caption 属性分别为"宋体"、"黑体"和"楷体"。程序运行后,如果单击某个单选按钮,则文本框中的字体将根据所选择的单选按钮切换。程序中有两处空白,均在 FOUND 下面一行的 ? 处,将程序补充完整。把问号处应该填写的内容分别写入解答文本框中。

```
Private Sub Option1_Click(Index As Integer)
    Dim a As String
'********** FOUND **************
    Select Case ?【1】
      Case 0
          a = "宋体"
      Case 1
          a = "黑体"
      Case 2
          a = "楷体_GB2312"
End Select
'********** FOUND **************
    Text1. ?【2】 = a
End Sub
```

(3) 填空：程序的功能是用选择法将 10 个数升序排列。程序中有两处空白，均在 FOUND 下面一行的 ? 处，将程序补充完整。把问号处应该填写的内容分别写入解答文本框中。

```
Private Sub Command1 _ Click()
Dim a(10) As Integer
Dim I As Integer, j As Integer, b As Integer, k As Integer
For i = 1 To 10
    a(i) = Val(InputBox("","",0))
Next i
For i = 1 To 9
'********* FOUND ***********
    k = ?【1】
    For j = i + 1 To 10
'********* FOUND ***********
        If ?【2】 Then k = j
    Next j
    If k <> i Then
        b = a(k)
        a(k) = a(i)
        a(i) = b
    End If
Next i
For k = 1 To 10
    Print a(k)
Next k
End Sub
```

(4) 填空：该程序的功能为：有一个二维整型数组 a(1 To 5,1 To 5)，要求将该数组中主对角线以上的数组元素都赋值为 1，主对角线以下的元素都赋值为 −1，主对角线的数组元素都设为 0。

注意：主对角线指从左上角到右下角的对角线，二维数组如下所示。程序中有两处空白，均在 FOUND 下面一行的? 处，将程序补充完整。把问号处应该填写的内容分别写入解答文本框中。

```
 0   1   1   1   1
-1   0   1   1   1
-1  -1   0   1   1
-1  -1  -1   0   1
-1  -1  -1  -1   0
```

程序中有2处空白,均在'＊＊＊＊FOUND＊＊＊＊＊＊下面的问号处,将程序补充完整。
程序如下:

```
Private Sub Command1_Click()
  Dim a(1 To 5, 1 To 5) As Integer
  Dim i As Integer, j As Integer
  '下面的语句是给数组a赋予初值
  For i = 1 To 5
    For j = 1 To 5
'********FOUND  ***********
    If   ?【1】   Then  a(i, j) = -1
    If   i < j  Then  a(i, j) = 1
'********FOUND  ***********
    If  i = j   Then   ?【2】
    Next j
  Next i
End Sub
```

三、编程题

打开考生文件夹下的窗体文件Prob01.frm。编一个求n!的函数过程,单击窗体时调
用它计算6!+7!+8!的值,并把结果显示在窗体上。这个程序不完整,请把它补充完整,并
能正确运行。

要求:在'＊＊＊＊＊＊和'＊＊＊＊＊＊＊之间编写程序,使其实现上述功能,但不能修改程序
中的其他部分,也不能修改控件的属性。

注意:编写完成后必须运行该程序,只有运行结果正确才得分。

```
Private Sub Form_Click()
    Dim k As Long   '变量k存放计算结果
    k = Fact(6) + Fact(7) + Fact(8)
    Print "k = " & k
    '以下内容考生不必阅读,不得修改,否则影响成绩!
    Dim FileNo As Integer
    FileNo = FreeFile
    Open App.Path & "\pout1.dat" For Output As #FileNo
    Print #FileNo, k
    Close #FileNo
End Sub
'********请把求n!的函数过程编写在两排星号之间,把程序补充完整

'********
```

VB 期末模拟试题答案：

一、选择题

(1)A	(2)C	(3)C	(4)A	(5)B	(6)D	(7)B	(8)A	(9)A	(10)A
(11)D	(12)A	(13)B	(14)D	(15)A	(16)D	(17)A	(18)A	(19)B	(20)A
(21)C	(22)A	(23)D	(24)D	(25)C	(26)B	(27)B	(28)B	(29)C	(30)D

二、填空题

(1)【1】0　　　　　　　【2】n－1

(2)【1】index　　　　　【2】fontname

(3)【1】i　　　　　　　【2】a(k)＞a(j)

(4)【1】i＞j　　　　　　【2】a(i,j)＝0

三、编程题

```
Function fact(n As Integer) As Long
    Dim i As Integer
    fact = 1
    For i = 1 To n
        fact = fact * i
    Next i
End Function
```

附 录 B

全国等级考试Visual Basic 程序设计考试大纲

基本要求

1. 熟悉 Visual Basic 集成开发环境。
2. 了解 Visual Basic 中对象的概念和事件驱动程序的基本特性。
3. 了解简单的数据结构和算法。
4. 能够编写和调试简单的 Visual Basic 程序。

考试内容

一、Visual Basic 程序开发环境

1. Visual Basic 的特点和版本。
2. Visual Basic 的启动与退出。
3. 主窗口：
(1) 标题和菜单。
(2) 工具栏。
4. 其他窗口：
(1) 窗体设计器和工程资源管理器。
(2) 属性窗口和工具箱窗口。

二、对象及其操作

1. 对象：
(1) Visual Basic 的对象。
(2) 对象属性设置。
2. 窗体：
(1) 窗体的结构与属性。
(2) 窗体事件。

3. 控件：

(1) 标准控件。

(2) 控件的命名和控件值。

4. 控件的画法和基本操作。

5. 事件驱动。

三、数据类型及运算

1. 数据类型：

(1) 基本数据类型。

(2) 用户定义的数据类型。

2. 常量和变量：

(1) 局部变量和全局变量。

(2) 变体类型变量。

(3) 默认声明。

3. 常用内部函数。

4. 运算符和表达式：

(1) 算术运算符。

(2) 关系运算符和逻辑运算符。

(3) 表达式的执行顺序。

四、数据输入输出

1. 数据输出：

(1) Print 方法。

(2) 与 Print 方法有关的函数(Tab,Spc,Space $)。

(3) 格式输出(Format $)。

2. InputBox 函数。

3. MsgBox 函数和 MsgBox 语句。

4. 字形。

5. 打印机输出：

(1) 直接输出。

(2) 窗体输出。

五、常用标准控件

1. 文本控件：

(1) 标签。

(2) 文本框。

2. 图形控件：

(1) 图片框、图像框的属性、事件和方法。

（2）图形文件的装入。

（3）直线和形状。

3. 按钮控件。

4. 选择控件：复选框和单选按钮。

5. 选择控件：列表框和组合框。

6. 滚动条。

7. 计时器。

8. 框架。

9. 焦点和 Tab 顺序。

六、控制结构

1. 选择结构：

（1）单行结构条件语句。

（2）块结构条件语句。

（3）IIf 函数。

2. 多分支结构。

3. For 循环控制结构。

4. 当循环控制结构。

5. Do 循环控制结构。

6. 多重循环。

7. GoTo 型控制：

（1）Goto 语句。

（2）On-Goto 语句。

七、数组

1. 数组的概念：

（1）数组的定义。

（2）静态数组和动态数组。

2. 数组的基本操作：

（1）数组元素的输入、输出和复制。

（2）For Each…Next 语句。

（3）数组的初始化。

3. 控件数组。

八、过程

1. Sub 过程：

（1）Sub 过程的建立。

（2）调用 Sub 过程。

（3）调用过程和事件过程。

2．Funtion 过程：

（1）Funtion 过程的定义。

（2）调用 Funtion 过程。

3．参数传送：

（1）形参与实参。

（2）引用。

（3）传值。

（4）数组参数的传送。

4．可选参数和可变参数。

5．对象参数：

（1）窗体参数。

（2）控件参数。

九、菜单和对话框

1．用菜单编辑器建立菜单。

2．菜单项的控制：

（1）有效性控制。

（2）菜单项标记。

（3）键盘选择。

3．菜单项的增减。

4．弹出式菜单。

5．通用对话框。

6．文件对话框。

7．其他对话框(颜色、字体、打印对话框)。

十、多重窗体与环境应用

1．建立多重窗体应用程序。

2．多重窗体程序的执行与保存。

3．Visual Basic 工程结构：

（1）标准模块。

（2）窗体模块。

（3）SubMain 过程。

4．闲置循环与 DoEvents 语句。

十一、键盘与鼠标事件过程

1．KeyPress 事件。

2．KeyDown 事件和 KeyUp 事件。

3. 鼠标事件。

4. 鼠标光标。

5. 拖放。

十二、数据文件

1. 文件的结构与分类。

2. 文件操作语句和函数。

3. 顺序文件：

(1) 顺序文件的写操作。

(2) 顺序文件的读操作。

4. 随机文件：

(1) 随机文件的打开与读写操作。

(2) 随机文件中记录的增加与删除。

(3) 用控件显示和修改随机文件。

5. 文件系统控件：

(1) 动器列表框和目录列表框。

(2) 文件列表框。

6. 文件基本操作。

考试方式

1. 笔试：90分钟，满分100分，其中含公共基础知识部分的30分。

2. 上机操作：90分钟，满分100分。

上机操作包括：

(1) 基本操作。

(2) 简单应用。

(3) 综合应用。

21 世纪高等学校数字媒体专业规划教材

ISBN	书　名	定价(元)
9787302224877	数字动画编导制作	29.50
9787302222651	数字图像处理技术	35.00
9787302218562	动态网页设计与制作	35.00
9787302222644	J2ME 手机游戏开发技术与实践	36.00
9787302217343	Flash 多媒体课件制作教程	29.50
9787302208037	Photoshop CS4 中文版上机必做练习	99.00
9787302210399	数字音视频资源的设计与制作	25.00
9787302201076	Flash 动画设计与制作	29.50
9787302174530	网页设计与制作	29.50
9787302185406	网页设计与制作实践教程	35.00
9787302180319	非线性编辑原理与技术	25.00
9787302168119	数字媒体技术导论	32.00
9787302155188	多媒体技术与应用	25.00

以上教材样书可以免费赠送给授课教师,如果需要,请发电子邮件与我们联系。

教学资源支持

敬爱的教师:

感谢您一直以来对清华版计算机教材的支持和爱护。为了配合本课程的教学需要,本教材配有配套的电子教案(素材),有需求的教师可以与我们联系,我们将向使用本教材进行教学的教师免费赠送电子教案(素材),希望有助于教学活动的开展。

相关信息请拨打电话 010-62776969 或发送电子邮件至 weijj@tup.tsinghua.edu.cn 咨询,也可以到清华大学出版社主页(http://www.tup.com.cn 或 http://www.tup.tsinghua.edu.cn)上查询和下载。

如果您在使用本教材的过程中遇到了什么问题,或者有相关教材出版计划,也请您发邮件或来信告诉我们,以便我们更好地为您服务。

地址:北京市海淀区双清路学研大厦 A 座 708　　　计算机与信息分社魏江江　收

邮编:100084　　　　　　　　　　　电子邮件:weijj@tup.tsinghua.edu.cn

电话:010-62770175-4604　　　　　　邮购电话:010-62786544

《网页设计与制作》目录

ISBN 978-7-302-17453-0　　蔡立燕　梁　芳　主编

图书简介:

Dreamweaver 8、Fireworks 8 和 Flash 8 是 Macromedia 公司为网页制作人员研制的新一代网页设计软件,被称为网页制作"三剑客"。它们在专业网页制作、网页图形处理、矢量动画以及 Web 编程等领域中占有十分重要的地位。

本书共 11 章,从基础网络知识出发,从网站规划开始,重点介绍了使用"网页三剑客"制作网页的方法。内容包括了网页设计基础、HTML 语言基础、使用 Dreamweaver 8 管理站点和制作网页、使用 Fireworks 8 处理网页图像、使用 Flash 8 制作动画、动态交互式网页的制作,以及网站制作的综合应用。

本书遵循循序渐进的原则,通过实例结合基础知识讲解的方法介绍了网页设计与制作的基础知识和基本操作技能,在每章的后面都提供了配套的习题。

为了方便教学和读者上机操作练习,作者还编写了《网页设计与制作实践教程》一书,作为与本书配套的实验教材。另外,还有与本书配套的电子课件,供教师教学参考。

本书适合应用型本科院校、高职高专院校作为教材使用,也可作为自学网页制作技术的教材使用。

目　录:

第1章　网页设计基础
1.1　Internet 的基础知识
1.2　IP 地址和 Internet 域名
1.3　网页浏览原理
1.4　网站规划与网页设计
习题
第2章　网页设计语言基础
2.1　HTML 语言简介
2.2　基本页面布局
2.3　文本修饰
2.4　超链接
2.5　图像处理
2.6　表格
2.7　多窗口页面
习题
第3章　初识 Dreamweaver
3.1　Dreamweaver 窗口的基本结构
3.2　建立站点
3.3　编辑一个简单的主页
习题
第4章　文档创建与设置
4.1　插入文本和媒体对象
4.2　在网页中使用超链接
4.3　制作一个简单的网页
习题
第5章　表格与框架
5.1　表格的基本知识
5.2　框架的使用
习题
第6章　用 CCS 美化网页
6.1　CSS 基础
6.2　创建 CSS
6.3　CSS 基本应用
6.4　链接外部 CSS 样式文件
习题
第7章　网页布局设计
7.1　用表格布局页面

7.2　用层布局页面
7.3　框架布局页面
7.4　表格与层的相互转换
7.5　DIV 和 CSS 布局
习题
第8章　Flash 动画制作
8.1　Flash 8 概述
8.2　绘图基础
8.3　元件和实例
8.4　常见 Flash 动画
8.5　动作脚本入门
8.6　动画发布
习题
第9章　Fireworks 8 图像处理
9.1　Fireworks 8 工作界面
9.2　编辑区
9.3　绘图工具
9.4　文本工具
9.5　蒙版的应用
9.6　滤镜的应用
9.7　网页元素的应用
9.8　GIF 动画
习题
第10章　表单及 ASP 动态网页的制作
10.1　ASP 编程语言
10.2　安装和配置 Web 服务器
10.3　制作表单
10.4　网站数据库
10.5　Dreamweaver＋ASP 制作动态网页
习题
第11章　三剑客综合实例
11.1　在 Fireworks 中制作网页图形
11.2　切割网页图形
11.3　在 Dreamweaver 中编辑网页
11.4　在 Flash 中制作动画
11.5　在 Dreamweaver 中完善网页